2012—2013

航空科学技术

学科发展报告

REPORT ON ADVANCES IN
AERONAUTICAL SCIENCE AND TECHNOLOGY

中国科学技术协会　主编
中国航空学会　编著

中国科学技术出版社
·北　京·

图书在版编目（CIP）数据

2012—2013 航空科学技术学科发展报告 / 中国科学技术协会主编；中国航空学会编著 . —北京：中国科学技术出版社，2014.2
（中国科协学科发展研究系列报告）
ISBN 978-7-5046-6531-7

Ⅰ. ①2… Ⅱ. ①中… ②中… Ⅲ. ①航空-科学技术-学科发展-研究报告-中国-2012—2013 Ⅳ. ①V1-12

中国版本图书馆 CIP 数据核字（2014）第 003726 号

策划编辑 吕建华 赵 晖
责任编辑 包明明
责任校对 何士如
责任印制 王 沛
装帧设计 中文天地

出 版 中国科学技术出版社
发 行 科学普及出版社发行部
地 址 北京市海淀区中关村南大街 16 号
邮 编 100081
发行电话 010-62103354
传 真 010-62179148
网 址 http://www.cspbooks.com.cn

开 本 787mm × 1092mm 1/16
字 数 282 千字
印 张 11.75
版 次 2014 年 4 月第 1 版
印 次 2014 年 4 月第 1 次印刷
印 刷 北京市凯鑫彩色印刷有限公司
书 号 ISBN 978-7-5046-6531-7/V · 66
定 价 42.00 元

2012—2013
航空科学技术学科发展报告

REPORT ON ADVANCES IN AERONAUTICAL SCIENCE AND TECHNOLOGY

首席科学家 张新国

专　家　组

组　长　张新国

副组长　刘大响　钟群鹏　冯培德　曹春晓　杨凤田

成　员　（按姓氏笔画排序）

王英勋　甘晓华　冯培德　刘大响　孙晓峰
李玉龙　李恒芳　杨凤田　吴桐水　何　友
张　军　陈仁良　陈迎春　周德云　赵越让
钟群鹏　施岳定　栗牧怀　殷云浩　唐长红
益小苏　曹春晓　焦宗夏　蔡小斌　廖文和
魏金钟

撰写专家　（按姓氏笔画排序）

王　永　王　焱　王少萍　王文萍　王生楠
王发民　王延奎　王英勋　王黎静　车　军
卢子兴　叶正寅　史永强　朱之丽　朱永峰
刘家富　刘善国　许国康　苏炳君　杜　刚
李　晶　李士途　李开省　李玉龙　李运祥
李怀学　杨春信　肖华军　吴　松　何　智
余　策　宋科璞　张　健　张田仓　张汝麟
张晓斌　张翔伦　张聚恩　张慧娟　陆志东

序

科技自主创新不仅是我国经济社会发展的核心支撑，也是实现中国梦的动力源泉。要在科技自主创新中赢得先机，科学选择科技发展的重点领域和方向、夯实科学发展的学科基础至关重要。

中国科协立足科学共同体自身优势，动员组织所属全国学会持续开展学科发展研究，自 2006 年至 2012 年，共有 104 个全国学会开展了 188 次学科发展研究，编辑出版系列学科发展报告 155 卷，力图集成全国科技界的智慧，通过把握我国相关学科在研究规模、发展态势、学术影响、代表性成果、国际合作等方面的最新进展和发展趋势，为有关决策部门正确安排科技创新战略布局、制定科技创新路线图提供参考。同时因涉及学科众多、内容丰富、信息权威，系列学科发展报告不仅得到我国科技界的关注，得到有关政府部门的重视，也逐步被世界科学界和主要研究机构所关注，显现出持久的学术影响力。

2012 年，中国科协组织 30 个全国学会，分别就本学科或研究领域的发展状况进行系统研究，编写了 30 卷系列学科发展报告（2012—2013）以及 1 卷学科发展报告综合卷。从本次出版的学科发展报告可以看出，当前的学科发展更加重视基础理论研究进展和高新技术、创新技术在产业中的应用，更加关注科研体制创新、管理方式创新以及学科人才队伍建设、基础条件建设。学科发展对于提升自主创新能力、营造科技创新环境、激发科技创新活力正在发挥出越来越重要的作用。

此次学科发展研究顺利完成，得益于有关全国学会的高度重视和精心组织，得益于首席科学家的潜心谋划、亲力亲为，得益于各学科研究团队的认真研究、群策群力。在此次学科发展报告付梓之际，我谨向所有参与工作的专家学者表示衷心感谢，对他们严谨的科学态度和甘于奉献的敬业精神致以崇高的敬意！

是为序。

2014 年 2 月 5 日

前　言

党的十八大报告强调指出："科技创新是提高社会生产力和综合国力的战略支撑，必须摆在国家发展全局的核心位置。"航空科学技术以其高度的综合性，在应用诸多基础学科和应用学科的创新成果的同时，也推动了这些基础学科和应用学科的科技创新。又因为其具有关系国防安全和高经济附加值的特点，也一直是大国军事和经济博弈的焦点。近两年来，航空领域诸多重点型号相继首飞，中国航空事业呈现井喷式发展，为我国国防事业发展进步乃至综合国力的提升作出了突出贡献。

中国航空学会作为航空技术学术团体，一直把开展学术交流、推动学科发展作为基本职责之一，自 2006 年以来已是第四次承担中国科协组织的学科发展报告撰写工作，根据分期分批进行总结、研究的原则，本报告重点收录了飞行器设计、空气动力学、飞机结构设计及强度、航空推进系统、飞行器制导、导航与控制系统、航空制造技术、航空机电、人机与环境工程等专业方向的重要进展、发展趋势、与国外对比和我国对策建议等内容。

本研究报告由中国航空学会组织百余位专家学者参与研究，数十位专家撰写，包含 1 个综合报告和 8 个专题报告。相信我们的工作，对广大航空科技工作跟踪、了解、把握学科发展动态，深入开展科学研究，推进学科交叉、融合与渗透、推动多学科协调发展，促进科技创新具有非常积极的意义，同时为关注航空发展的业外人士提供有益参考。

中国航空学会

2013 年 11 月

目 录

综合报告

专题报告

ABSTRACTS IN ENGLISH

Comprehensive Report

Reports on Special Topics

综合报告

中国航空科学技术发展报告

一、引言

航空科学技术是关系国家安危和国民经济可持续发展的战略性高技术，该学科涉及众多专业技术领域，技术综合性高，带动性强。随着电子、信息、材料、能源等专业技术的发展，航空技术的各个专业领域都在发生着日新月异的变化。考虑到对航空科学技术的各学科专业进行研究的工作量非常庞大，中国航空学会航空科学技术发展年度报告在2006年参加中国科协组织的学科发展研究工作时就确定了分批进行重点研究的原则。2006年，重点研究了飞行器设计、飞机结构设计与强度、航空推进系统、飞行控制系统、惯性/组合导航系统、航空电子、人机与环境工程、航空材料、航空制造技术9个专业领域；2008年又研究了民用飞机、浮空器、空气动力学、航空仿真、航空液压、航空仪表与测试、应急救生、航空电气工程、航空维修工程等专业技术；2010年在涉及航空科学技术各主要专业的基础上，更侧重无人飞行器、直升机、飞行力学、飞行试验、航空安全、飞行技术、空中交通管理、航空地面保障、航空复合材料、航空可靠性工程等，均附有专题研究报告。2012—2013年的学科发展研究，是第二轮研究，内容上将第一轮第一期的研究领域作为重点专题研究，保证航空科学技术学科发展研究的完整性和连续性。为了利于各专业领域研究的完整和连贯，对这些专业领域的研究时间跨度不限于2012—2013年，而是尽可能完整地反映近几年来的进展。通过对航空科学技术各专业分期分批进行总结、研究，逐步对我国航空科学技术学科的发展情况形成一个基本完整的描述。

航空科学技术是工程性很强的学科，其进展与工程技术成就紧密相连，其成果应用特别是集成性应用往往通过工程技术成就体现，本研究工作力求从学科进展的视角对航空科学技术的发展进行分析研究，通过对我国航空科学技术的新进展、新成果、新见解、新观点、新方法、新技术及时总结并与国际先进水平进行比较研究，分析航空科学技术学科发展动态、总趋势及前沿热点；对照国家经济社会发展战略需求，分析我国航空科学技术发展前景，提出重点研究方向的建议。

二、我国航空科学技术发展现状

随着创新型国家建设进程的不断深入，航空科技的战略性地位更加突出。2008年，国家对航空工业进行了重组，并加大了对航空科技创新的支持力度，从而使航空科学技术进入新的快速发展阶段。2012—2013年，以C919客机、歼-20、歼-31、运-××等为代表的一批航空新产品的研制也取得重要进展，标志着飞机、直升机、无人机、航空动力等航空专业领域的科学研究取得了较为全面的新突破。

（一）飞机总体

飞机总体技术是对飞机总体方案设计技术、优化技术和系统集成技术的总称。飞机总体技术水平的高低对于航空产品的最终性能和市场竞争力具有非常大的影响。近年来，我国在飞机总体技术研究和工程应用方面都取得了显著进展。

1. 两型五代战机歼-20和歼-31研制取得显著进展

歼-20是成都飞机工业集团为解放军研制的最新一代双发重型隐形战斗机，用于接替歼10、歼11等第三代空中优势/多用途歼击机的未来重型歼击机型号，该机将担负我军未来对空、对海的主权维护的作战使命。首架原型机于2011年1月11日在成都实现首飞。歼-20采用了单座、双发、全动双垂尾、DSI鼓包式进气道、上反鸭翼带尖拱边条的鸭式气动布局。机身为深墨绿色涂装，远观近似于黑色。侧弹舱采用创新结构，可将导弹发射挂架预先封闭于外侧，同时配备国内最先进的新型空空导弹。其设计布局上，没有采用美国的F-22和俄国T-50的常规布局，而是采用了独特的升力体边条翼鸭式气动布局，此布局使飞机拥有优秀的超音速阻力特性，良好的大仰角升力特性，大仰角稳定性和控制性。2012年5月12日，编号为2001的歼-20验证机飞赴阎良试飞中心进行试飞。数日后，编号为2002的歼-20验证机首飞成功，2013年7月6日，编号为2002的歼-20验证机再次转场阎良试飞中心，开始定型试飞。

歼-31是中国沈阳飞机公司正在研制中的双发单座中型第五代战斗机。歼-31采用常规气动布局，具备DSI进气道、梯形主翼、倾斜双垂尾及内置弹仓等，其外观具有典型的隐形战机特征，歼-31于2012年10月31日完成首次飞行测试。歼-31的总体布局和外形类似美国洛克希德·马丁公司设计的F-35闪电Ⅱ攻击战斗机；但前移的菱形垂直尾翼设计与美国空军现役最先进的隐形战机F-22猛禽战斗机相似。不同于F-35的是，歼-31采用了双发动机设计，目前原型机搭载的是俄罗斯制造的克里莫夫RD-93发动机。

2. 大型运输机运-××首飞成功

运-××运输机是由中国西安飞机工业集团研发的重型军用运输机，为有史以来中国研制的最大型军用飞机。西飞负责包括总装在内的大部分制造事务，沈飞、成飞、陕飞、哈飞及上飞参与部件研制生产。与中国目前使用的伊尔 -76 运输机相比，运 -xx 的电子设备有了改进，载重量亦有提高。2013 年 1 月 26 日，运 -xx 首次飞行试验成功。其后，运 -xx 大型运输机又于 2013 年 4 月 20 日在西部某试验基地进行了第二次试飞。运 -xx 的第二次成功试飞表明其各项关键技术更趋成熟。

3. 舰载机歼 -15 首飞成功

歼 -15 为重型舰载型战斗机，由沈阳飞机工业集团承担研制，融合了歼 -11B 的技术，装配鸭翼、折叠式机翼，机尾机身下部装有具有舰载机特征的着舰尾钩；起落架强度高，前轮能够迎合类似美国海军舰载战斗机拖曳弹射方式。该机配置国产电子扫描阵列雷达及航电综合系统；机体使用复合材料的用量较苏 -33 多。该机具有航程较远、作战半径较大、武器挂载量大的优点，可以执行对空、反舰及对地攻击等多种任务，性能接近美国海军的 F/A-18E/F“超级大黄蜂”。

2009 年 8 月，歼 -15 进行了首次飞行测试。2011 年 4 月 25 日，第二架歼 -15 原型机进行了飞行测试。歼 -15 采用了由 FWS-10 发动机改型的 FWS-10H 涡扇发动机。起飞推力提高至 12800kg，改善了加速性，发动机具有更为敏捷的推力瞬变能力和速度响应特性，满足了舰载战斗机在起飞、复飞或逃逸性能上的需求，保证了比陆基发动机更强的抗畸变能力。2012 年 11 月 22 日，首架歼 -15 原型机在辽宁号航空母舰上成功进行着舰测试和起飞测试。

4. 民用飞机研制不断取得突破

C919 是由中国商用飞机有限责任公司（以下简称中国商飞）研制中的 168 ~ 190 座级窄体干线客机，专为短程到中程的航线设计，属于单通道 150 座级，标配 168 个座位，最多可容纳 190 个座位。C919 项目于 2008 年 11 月启动。2009 年 9 月 8 日，C919 外形样机在香港举行的亚洲国际航空展上首次公开亮相。按计划，C919 将于 2014 年首航，2016 年交付航线起用。C919 的尺寸与空中客车 A320 飞机非常近似，机身宽 3.96m，高 4.166m，机身截面积为 12.915m^2，翼展为 33.6m，有效载荷为 20.4t。巡航速度 0.785Ma，最大飞行高度 12100m。标准版航距为 4075km、增程版航距则为 5555km。C919 将首先配备进口的引擎和航电设备以及来自外国公司的其他关键部件，其后根据国内相应产品和技术的逐步成熟，将采用国产配套产品，不断扩大国内产品与设备的配套比例。飞机将在上海完成设计和总装。

（二）直升机

2012—2013 年，我国在直升机研制、生产能力方面取得长足进步。武直 -10、武直 -19、直 -15、AC-313 等新机型相继成功首飞，倾转旋翼飞行器关键技术研究取得了新突破。

1. 武直 -10 惊艳亮相，军用直升机取得重大突破

武直 -10 是中国人民解放军陆军装备的一种中型攻击直升机，是中国自行研制的第一款同类机种。由昌河飞机工业公司与哈尔滨飞机制造总公司共同负责研究及发展。武直 -10 可以携带空对空及空对地导弹，能在接敌隐蔽处发动进攻，具有极强的战场生存能力。其技术指标与综合能力十分先进，专家指出其在世界武装直升机排名上可以达到世界前三。2012 年 11 月 18 日，武直 -10 正式列装人民解放军陆军航空兵部队。

除武直 -10 外，武直 19 也于 2011 年列装。武直 19 于 2010 年立项、当年完成详细设计、当年进入总装，原型机于当年 7 月成功首飞，2011 年服役。直 -19 可利用航炮、空空导弹，同低空固定翼飞机、武装直升机等进行空中格斗。该机可与武直 -10 实现不同档次的高低搭配，改善装备的配置格局；两款国产武装直升机的研制成功和先后列装，结束了我国没有专用武装直升机的尴尬，是陆军航空兵装备建设的重大成就。

2. 民用直升机发展取得一批重要成果

在民用直升机方面主要有中欧联合研制的直 -15，以及 AC313。直 -15，也称欧直 EC175，是一种 7 吨级中型运输直升机，由欧洲直升机公司和哈尔滨飞机工业集团联合研发，于 2008 年 2 月 24 日，以 EC175 的名义在美国休斯敦举办的国际直升机博览会上正式推出。该项目研发成功后，中法双方各自建立总装生产线，向各自负责的市场区域销售直升机，并且为用户提供售后支援服务。首批 EC175 直升机于 2012 年交付。欧洲直升机公司计划在其后 20 年，销售约 800 ~ 1000 架 EC175。

AC313 型直升机是由中航工业直升机所和中航工业昌飞公司共同研制的、我国第一个完全按照适航条例的要求和程序进行研制的大型运输直升机，也是我国自行研制生产的唯一一种大型直升机，填补了我国大型民用直升机生产的空白。该机采用优化的气动外形、先进的旋翼桨叶翼型和配置，旋翼悬停效率高、尾桨抗侧风能力强，突破了我国大型运输直升机飞行性能限制瓶颈技术；采用先进的涡轴发动机、大功率传输能力的传动系统、球柔性复合材料旋翼系统以及综合化的航电系统，改进使用维护性和舒适性，结构、系统安全性等技术全面升级。该机总体性能已达到当今世界先进水平。AC313 可实现野外一般场地起降，具备了高原飞行能力，能更好地满足山区等复杂地区对直升机飞行性能的苛刻要求；适合在海洋气候条件下使用；能在各种复杂恶劣环境下执行人员、物资的运输及搜索救援、抢险救灾等任务。该机于 2010 年 3 月 18 日首飞。2013 年将完成所有适航试飞项目，获得型号合格证，投入商业化运营。

3. 直升机设计与制造技术飞速进步

在近年来几型直升机的研制生产中，先进制造技术发挥了重要作用。以 AC313 直升机为例，旋翼系统采用先进复合材料桨叶和钛合金球柔式主桨毂，机体为金属加复合材料结构，复合材料使用面积占全机的 50%，航空电子系统采用国际通行的 429 数据总线，实

现了数字化综合显示控制。整机性能达到国际第三代直升机水平。突破的关键技术主要有：传动系统满足 30 分钟的“干运转”安全性要求；燃油系统和机体结构满足抗坠毁及雷击安全性要求；驾驶员和乘员座椅通过抗坠毁动态安全测试；机体结构、操纵系统及旋翼系统满足鸟撞安全性要求；机载设备满足雷击和高强辐射场防护设计要求；座舱布局满足乘员应急撤离安全性要求；旋翼和复合材料结构满足基于损伤容限疲劳评定要求；机械系统满足高能转子破裂防护设计要求。

以武直 –10 为例，其主旋翼有五片叶片，由 95KT 复合材料制成。该机型在直 9 基础上保持直 –9 原型底部结构不变，按适坠性要求，对主体结构进行损伤容限设计改进。重新布置燃油系统，满足抗弹击、自密封的适坠性要求。对该机型操纵 / 控制、液压、电气重新设计；换装纵列 / 串座式窄机身驾驶舱布局，驾驶员在前，射手兼副驾驶员在后，装抗坠毁吸能座椅，在座舱周围采用局部装甲防护。起落架为后三点固定跪式设计，保证坠毁时乘员的安全。机身涂以吸波材料，大面积复合材料结构，平板驾驶舱玻璃，提高隐身能力。两侧采用短翼，每侧有两个外挂点，对武器悬挂装置进行重新设计，可同时挂 8 枚反坦克导弹 / 对空导弹 + 两个火箭弹发射巢，亦可以以 8 枚反坦克导弹加 8 枚对空导弹的配置共 16 枚起飞作战。

而武直 –19 采用四桨叶 Starflex 星形柔性复合材料单旋翼，主旋翼桨叶前缘为抛物线形的桨尖，旋翼直径 12.01m，后机身采用涵道式尾桨，采用 H450 民用直升机的升力系统，安装 H425 直升机的传动系统、动力采用涡轴 8C/ 法国“阿赫耶”2C 引擎，对动力系统、传动系统、冷却系统进行适应性改进、对主减系统进一步改进，以便在直升机空重和最大起飞重量增加的情况下仍然保持较好的飞行性能。改进后武直 –19 起飞重量增至 4500kg，空机重量增至 2350kg，可用燃油量增至 850kg，续航能力增加至 4 小时。武直 –19 机身涂吸波材料，采用大面积复合材料结构，平板驾驶舱玻璃，涵道式尾桨等提高隐身性能。目前，其隐身和机动性能仍逊于“科曼奇”，但性能大体相当、且成本低，可以大规模取代现服役的 SA342 小羚羊和直 –9WA/Z。

（三）航空动力

航空制造是制造业中高新技术最集中的领域，整个制造过程对材料、工艺、加工手段、试验测试等都有极高的要求，而航空发动机技术则是高新技术中的尖端代表。近年来，我国发动机事业在过去 50 年的技术积累下取得了较大进展。目前我国新的代战斗机开始装备部队，与此相对应的采用进口俄罗斯发动机配套的局面正在改变。太行发动机是我国自主研制的大推力涡轮风扇发动机，20 世纪 80 年代开始立项研制，2005 年完成定型，已部分列装歼 –10、歼 –11，其多型改型正在用于新战机的动力国产化；为第四代战斗机及舰载机等配套的发动机也在研制之中。用于配套高级教练机的岷山发动机，用于配套通用飞机的九寨发动机均在研制中；秦岭发动机是 20 世纪 70 年代引进英国斯贝发动机的国产衍生型，经历材料、附件等的国产化，同时吸取了更多的先进技术对其进行改进、提升性能，已形成新的技术状态；2003年开始批量生产。昆仑发动机是沈阳发动机设计研究所按照国军标自行研制的第一台具有全部知识产权的中等推力加力涡轮喷气发动机，80年代开始研制，经过259项严格考核，2002年7月通过国家设计定型，可以满足歼-7、歼-8改进型推力增大的需求。

（四）飞行力学

近年来，我国针对先进飞行器设计的需要，在消化、吸收国外先进技术成果的基础上，通过自主创新、发展，在飞行力学理论、方法和技术研究中都取得了新的突破。

1. 非线性飞行动力学研究

飞机在大迎角状态下作快速俯仰、滚转、偏航运动，使气动力呈现出非对称、非线性和非定常的特性。近年来国内外在非定常气动力机理、实验研究方面开展了大量的工作，取得了一定的进展。尤其在风洞实验中，建立了模拟飞机单自由度运动、两自由度耦合运动的大振幅动态实验装置，获得了部分非定常以及耦合的气动数据，揭示出一些新的非定常非线性气动特性。研究表明，传统的气动模型已不再完全适用于描述大迎角过失速机动气动力。随着现代控制理论、智能控制的发展，非线性、非定常、多变量系统的辨识与控制的方法得到了极大的丰富。其中的理论成果也被从事风洞试验与飞行力学研究的工作者们引入了飞机大迎角状态气动建模领域。模糊逻辑、神经网络等新的方法在飞机大迎角状态气动建模中都得到了成功运用，获得了许多有益的成果。

2. 弹性飞行动力学研究

现代飞机的设计追求更高的巡航性能、更高的机动性和敏捷性。为了使机体的结构重量尽可能降低，现代飞机设计往往降低了对结构刚性的要求，而广泛使用轻质的新型复合材料。这使得飞机越来越呈现出轻结构、大柔性和低阻尼的特点，气动弹性及气动伺服弹性问题越来越突出。

近年来，我国在弹性飞行器非定常气动力预测技术、弹性飞行器飞行动力学理论等方面开展了深入研究。如发展了在时间域求解流场和结构耦合控制方程，从而精确预测结构做任意运动和变形下的非线性非定常气动力的CFD/CSD耦合计算方法；在弹性飞行器建模、耦合机理、稳定性、动响应等方面取得了具有国际水平的创造性研究成果，并形成了较为完善的理论和方法体系。

3. 非定常气动建模技术研究

在新一代战斗机研制过程中，为清楚地认识飞机做机动飞行时所受的六自由度的气动力，非定常空气动力的研究已成为气动设计中的重要内容。为了使飞机在大攻角多自由度耦合运动中依然可控，具有争夺空战中优势的能力，对飞机的大攻角及非定常动态气动特性进行了深入的研究。在大攻角大振幅非定常空气动力风洞试验的基础上开展了非定常气动力建模及空气动力数学模型构建。随着计算机水平的大幅提高，CFD 技术已经被广泛地在各种工程中运用，近年来的气动弹性计算中也都逐渐采用了以跨音速小扰动方程、NS 方程或 Euler 方程为基础的 CFD 技术来计算非定常气动力。

4. 民机飞行品质和适航性研究

随着国内大型飞机和通用航空器的迅猛发展，民机飞行品质和适航性研究成为国内飞行力学的重要研究内容。系统地总结了飞机大迎角时的一些重要的非线性现象，研究了飞机非线性动态特性的各种方法以及近年来应用这些方法研究非线性动态特性方面所取得的成果。应用鲁棒控制技术，解决了飞行中的一些控制问题。对于飞机在风切变中近地平飞情况，计算了最优闭环极点区。对于飞机在风切变中下滑着陆鲁棒控制系统，采用了改变加权阵法，在时域内进行了设计探索。对于多输入多输出系统也从理论上作了研究。

（五）飞行试验

飞行试验经历了从定性评定到按相关标准、规范进行定量评定的发展过程。试飞领域当前面临的新的挑战和问题主要是：试飞方案越来越复杂，综合程度越来越高，必须借助于计算机辅助设计系统对试飞方案进行设计和优化；机载总线大量应用，使试飞测试系统类型和数据量急剧增加，遥测传输速率不断提高，试飞测试系统必须实现网络化；机载软件数量呈指数增加，机载软件验证的飞行试验比重增大；随着航空制造业数字化设计和制造技术的应用，数字化和虚拟试飞将成为飞行试验新的手段。

1. 军用飞机型号飞行试验

对军用飞机新研型号设计定型试飞项目日益扩展，经多年积累和近年来大规模基础条件建设，已形成可承担与完成以下定型试飞项目的较为完善的试飞技术体系：结构验证试验，飞行品质验证试验，飞行性能验证试验和阻力测量，推进系统验证试验，武器火控系统验证试验，设备系统验证试验，航空电子系统验证试验，电气系统验证试验，飞行控制系统验证试验，生存力 / 易损性验证试验，可靠性维修性测试性和保障性验证试验，直升机设计定型 / 鉴定试飞，新型号发动机设计定型 / 鉴定试飞，新研航空二级产品设计定型 / 鉴定试飞等。

2. 开展了多项研究性飞行试验

我国飞行试验机构已经可以进行空气动力学、飞行力学、结构完整性、动力装置和机载系统设备一般性的专题研究试飞和型号研制中所需的特定项目的科研攻关试飞。

在空气动力学飞行试验研究方面，已经开展了气动力测量研究、飞机极曲线测量飞行试验、气动导数飞行试验测量、飞机抖振边界飞行试验研究、超临界机翼气动力设计技术验证等飞行试验研究。

在飞行力学研究方面，利用变稳飞机开展了驾驶员诱发振荡（PIO）研究，突破了ACT 各项关键技术，并在多种型号飞机上进行了大迎角特性 / 失速 / 尾旋试飞研究，初步掌握了飞机大迎角特性 / 失速 / 尾旋的预测技术。

在结构完整性飞行试验研究方面，已经完成了飞机外挂振动环境试飞研究，飞机机翼和平尾载荷飞行测量，进气道噪声 / 应变和腹鳍振动与应变测量，复合材料应变空测等飞行试验研究，为改进飞机结构设计奠定了基础。

在动力装置飞行试验研究方面，已经在某飞行试验台上先后进行了多种发动机验证试飞。此外，还在伊尔 –76 航空发动机飞行试验台上完成了我国自行研制的涡扇发动机的飞行试验。

在航空救生系统飞行试验研究方面，利用弹射试验机先后完成了多种型号座椅空中弹射试验。在新一代弹射救生系统弹射飞行试验中，完成了包括俯冲、滚转、俯冲下沉、倒飞和大速度弹射试验。

在目标特性测量研究方面，我国先后对多种固定翼飞机和直升机进行了静态红外辐射特性测量和动态 RCS 测量，为隐身设计提供了依据。

3. 掌握了比较先进的飞行试验测试技术

飞行试验测试包括外部参数测试和机载测试两大部分。外部参数是指描述飞行器在空间位置及其姿态的那些参数；机载测试参数是指描述飞行器本体、推进系统、机载系统和设备的特性、工作状态等的各项参数。

在外部参数测量方面，我国已经基本能满足飞机起飞性能、着陆性能的测量和一般飞行轨迹及姿态的测量，且具有较高的测量精度。在机载测试系统方面，我国机载测试系统的性能指标已接近当今的世界先进水平。

（六）制造技术

这里的先进制造技术特指微电子技术、自动化技术、信息技术等先进技术给传统制造技术带来的革新性变化与新型系统。具体地说，就是指集机械工程技术、电子技术、自动化技术、信息技术等多种技术为一体所产生的技术、设备和系统的总称。近年来，我国在金属材料先进制造技术、复合材料先进制造技术、数字化制造技术和 3D 打印等特种技术方面取得了新的突破。

1. 金属材料先进制造技术

2013 年 4 月 10 日，中国“大飞机”项目的关键设备——我国自主研发的世界最大吨位模锻压机在中国第二重型机械集团公司德阳基地试生产成功。这套模锻压机总高约 42m，总重约 22000t，采用世界先进的操作控制技术，可在 8 万吨以内任意吨位实施锻造，最大模锻压制力可达10万吨，该模锻压机压制时同步精度≤0.01mm/m，抗偏载能力强，能够实现无级调压、调速，并具有目前世界最大4000mm×8000mm工作台面，可生产可预见发展趋势范围内所有规格的大型模锻产品。大型模锻压机主要用于钛合金、铝合金、粉末合金、高温合金等难变形材料进行热模锻和等温超塑成形等。它的锻造特点是在足够长的保压时间内，采用较大的工作压力作用和较慢的变形速度实现变形材料致密度的改善，锻件的综合性能由于变性材料晶粒的细化而提高，整个锻件均匀变形，从而经过等温锻造和超塑性变形这些难变形材料和复杂结构的锻件能够满足产品设计的要求，达到机械加工量少或者近净型目标。大型模锻液压机可以生产包括航空航天、燃气、烟气轮机锻件，大型船用模锻件产品，电站用大型模锻件，核电、压力容器锻件及其他类型民品模锻件。这标志着我国金属材料制造技术有了新的突破。

此外，我国还研究出了高性能金属构件激光直接制造技术；以金属粉末为原料，通过高能激光逐层熔化沉积生长（“生长制造”或“增材制造”），直接从零件数字化模型一步实现大型复杂整体高性能金属构件的“近终成形”，与整体锻造等传统制造技术相比，具有：①无须大型锻造工业装备、大型锻造模具及制坯模具而直接制造；②实现高性能金属材料制备与大型复杂零件“近终成形”一体化；③构件综合力学性能优异、材料利用率高、加余量小；④制造周期短、成本低等独特优点。这是一种“变革性”的短周期、低成本、数字化、精密成形技术，为飞机、发动机钛合金、超高强度钢、高温合金等高性能、难加工大型复杂整体关键构件的制造提供了新途径。

2. 复合材料先进制造技术

复合材料先进制造技术主要有应用热压罐制造技术、缝合复合材料技术和GLARE技术。为满足飞机上扩大复合材料应用范围和用于承力部位的需求，飞机制造商在不断地完善复合材料层压真空袋-热压罐制造技术；该技术是树脂基复合材料成型工艺的一个新发展，特别适用于平面、立体织物增强高黏度树脂基复合材料的液体注射成型，在航空航天先进复合材料制造领域应用较多。缝合织物增强复合材料是用高性能纤维锋线将多层二维纤维织物复合在一起，经复合固化成的纺织复合材料，提高了复合材料制作的力学性能，进一步提高复合材料结构效率，降低结构重量。金属胶结ARALL和GLARE层板是一类航空结构材料，由高强度铝合金薄板与芳纶纤维增强胶粘剂层形成ARALL层板或与高强度玻璃纤维增强胶粘剂层交替层压面构成，已经应用于机身蒙皮制造。我国对上述技术也进行了一定的研究并在航空航天领域进行了应用，相比国外同类技术尚有一定差距。

我国科研人员在吸收国外技术经验的基础上，针对我国航空飞行器复合材料的需求，完善和发展复合材料先进制造技术。此外，我国学者还开展了先进树脂基复合材料制造技术、非热压罐预浸料成型技术研究、复合材料热固化变形与补偿技术研究、航空用热压罐外固化预浸料复合材料的应用等研究，并取得一定的进展，为我国航空飞行器需要的复合材料的制造加工提供了技术支持。

3. 数字化制造技术

数字化制造就是指在虚拟现实、计算机网络、快速原型、数据库和多媒体等支撑技术的支持下，根据用户的需求，迅速收集资源信息，对产品信息、工艺信息和资源信息进行分析、规划和重组，实现对产品设计和功能的仿真以及原型制造，进而快速生产出达到用户要求性能的产品的整个制造过程。

我国航空数字化制造技术飞速发展。在新支线飞机 ARJ21 的研制过程中，中国一航各飞机设计所、飞机制造厂充分发挥数字化异地设计 / 制造的优势，开展了设计 / 制造并行工程，全机设计 100% 采用 CATIA 三维数字化定义、数字化预装配和数字化样机，并在 ARJ21 飞机导管研制中应用了数字化制造技术。在其他各重点军民机型号研制中，也大规模地采用了全过程、全机级的航空数字化技术，促进了组织管理模式、协同工作模式和产品数据控制模式的变革，极大地提高了工作效率、缩短了生产周期。同时，随着计算机和数控加工技术的发展，传统以模拟量传递的实物标工协调法被数字量传递为基础的数字化协调法代替，缩短了型号研制周期，提高了产品质量。

目前国家正大力推动航空发动机制造业的数字化进程，在关键零部件工艺设计、工装设计及数控加工中取得了明显的成效，推动了航空发动机制造业由传统的研制与生产模式向精益模式的转变。

4. 3D 打印等特种技术

3D 打印技术，是一种以数字模型文件为基础，运用粉末状金属或塑料等可黏合材料，通过逐层打印的方式来构造物体的技术。据报道，2013 年 8 月 22 日，NASA 对迄今为止最大的 3D 打印火箭引擎部件进行了测试，并达到了破纪录的 2 万磅推力。3D 打印技术在我国也发展迅猛。

中航工业副总工程师孙聪在今年“两会”期间接受媒体采访时说，3D 打印技术的采用为歼 –15 的成功做出了巨大的贡献，让世界震惊中国的 3D 打印技术。2013 年 1 月 18 日，国务院向“飞机钛合金大型复杂整体构件激光成形技术”研发团队颁发了国家技术发明一等奖。目前，这一技术在我国已经投入工业化制造，采用激光直接制造多种钛合金等大型复杂关键金属零件，已在目前研制的新型战机、大型运输机、C919 大型客机等新机中应用，使我国成为继美国之后、世界上第二个掌握飞机钛合金结构件激光快速成形技术并实现工程应用的国家。目前，我国 3D 打印等特种技术发展迅速，并为我国航空事业发展作出了突出的贡献。

（七）材料

在航空技术发展的过程中，特别是与先进制造技术互动，材料的更新换代呈现出高速的更迭变换；材料和飞机一直在相互推动下不断发展。“一代材料，一代飞机”正是世界航空发展史的一个真实写照。

1. 钛合金研制

我国针对飞行器用钛合金材料、发动机用钛合金材料和特种 / 功能钛合金材料及特种工艺开展了一系列研究工作。

飞行器钛合金材料及应用技术方面，主要开展了 TC4、TC16、TC18、TC27、TB5、TB6、Ti55531、TC21、TC4-DT、TB8、Ti45Nb、TA15 等钛合金材料研制及应用研究工作，开展了钛合金成分优化及大型铸锭熔炼、大规格棒材制备、锻坯组织及均匀性控制、大型整体锻件成形及热处理工艺、超声波探伤等研究工作，突破了高合金化铸锭成分均匀性控制、棒材及锻件组织性能均匀性控制、锻件批次稳定性控制等关键技术。

发动机钛合金材料及应用技术方面，针对发动机钛合金材料在高温工作条件下（300 ~ 650℃）具有较高的比强度、高温蠕变抗力、疲劳强度、持久强度和组织稳定性的特点，主要开展了 Ti60、Ti6246、Ti6242、650℃钛合金和 Ti40 阻燃钛合金锻件的制坯、模锻成形、热处理、无损检测、机械加工、表面强化等应用研究，突破了锻件组织性能均匀性控制、零件机械加工及表面强化等关键技术，研制出高质量的发动机用高温钛合金锻件和关键部件。

特种 / 功能钛合金及特种工艺方面，主要开展了新型紧固件用钛合金材料、钛合金蜂窝材料、新型弹簧用钛合金材料、超低模量功能钛合金材料、SiC 纤维增强钛基复合材料及其技术的研究。

2. 复合材料研制

先进复合材料具有轻质、高强度、高模量、抗疲劳、耐腐蚀、可设计、成型工艺性好和成本低等特点，是理想的航空结构材料，在航空产品上得到了广泛应用，已成为新一代飞机机体的主体结构材料。

据中国科技网报道，运 -×× 大型运输机采用了我国具有自主知识产权的飞机舱内部分内饰构件使用的阻燃环氧 / 玻纤、酚醛 / 玻纤复合材料。针对飞机舱内用环氧复合材料的使用要求，研究人员研制了新型阻燃配方，成功应用于运 -×× 飞机的厨舱隔板、地板等部位。此外，研究人员还创新性地通过分子结构设计、合成和配方组合优化等技术手段，发明了一种兼具阻燃、低烟、低毒和低热释放功能的新型绿色预浸料复合材料，其综合性能达到了空客、波音公司选用的顶尖舱内复合材料水平，已成功应用于运 -×× 飞机的舱内壁板和天花板等部位。不仅成功地为飞机结构减重，还提高了飞机的防火安全性能。

在先进树脂基复合材料方面，对先进热固性和热塑性树脂体系及复合材料、先进复合材料液态成型技术、非热压罐成型技术、结构 / 功能一体化复合材料和复合材料自动化技术等开展了研究；在金属基复合材料方面，对高性能连续纤维及其复合材料、结构 / 功能一体化的铝基复合材料和搅拌法制备的颗粒增强铝基复合材料及其精密铸造工艺技术等开展了研究；在陶瓷基复合材料方面，对功能复合陶瓷粉体的合成方法、自增韧氮化硅高温结构陶瓷材料、宽频透波陶瓷天线罩材料、陶瓷零件的凝胶注模精密成型技术和多用途薄壁形蜂窝陶瓷的挤出成型与制备技术等开展了研究；在材料性能测试与评价方面，对材料物理、化学性能表征，材料微观结构、性能与失效的理论和实验分析，以及液态成型工艺的数值模拟和在线检测开展了研究，并取得一定的进展。

3. 非金属材料研制

无机非金属材料结构重量小，具有很强的整体性；其理化性质稳定，不易老化、风化；在耐久性和有效性、耐高温和防水、防火等方面具有独特的、金属材料无法替代的功能；是“十二五”期间重点发展的新材料

无机非金属材料在我国发展迅速，其新技术与新工艺不断得以应用与推广；尤其在高技术陶瓷材料、纳米材料、复合氧化物与化学传感器材料、特精细化学品材料和功能化合物材料，以及固体电解质方面发展迅速，无机非金属材料的产量也得到突破，无机非金属材料已经应用于我国航空航天领域，并在提升质量档次、精化品种规格的同时，呈现出加速及扩展应用的良好前景。

（八）机电系统

飞机系统是指飞机上执行飞行保障功能的系统总称，国外通常把这些系统称为公共设备系统，国内称为机电系统。机电系统是为飞机传递能量的系统，以实现飞机的基本功能。飞机机电系统目前正向综合化、多电化和智能化方向发展，目标是实现功能、能量、控制和物理 4 个方面的全综合。目前我国飞机机电系统更新换代发展迅速。

1. 综合化

机载机电系统综合化以飞机整体性能最佳为目标，为此将打破诸如燃油管理，环境控制和第二动力等功能系统各自独立的传统布局，不以单项功能最优为目标。综合的范围包括：供电、液压、燃油、环控、救生、辅助动力、起落架、刹车、结构完整性诊断及状态监视系统等。目前，我国正瞄准新一代飞机的需求，加快航空机电系统综合化控制和管理的研究，通过减少机电系统的互联方式和信息共享程度，提高综合化管理与诊断的能力，提升和完善其可靠性和可维修性。

2. 多电化

目前航空机电系统采用电力、液压、气压和机械驱动多种样式，为达到提高系统可靠性和综合化的目的，最终将实施用电力作动系统取代所有液压、气压和机械作动系统，称之为全电化（全电飞机）；而多电化是为实现全电化的一个过渡状态。飞机多电化不仅为实现飞机单一电力驱动形式打下基础，通过采用机电作动器和功率电传技术显著减少飞机

的重量和寿命周期费用，提高系统可靠性；并可通过采用起动 / 发电机（双重用途部件）把发动机起动系统和发电系统综合在一起，提高机载机电系统综合化程度，为飞机提供更大容量的机上电力供应。目前，我国在多电飞机先进供电技术、电气系统关键技术、多电系统故障诊断、电气负载管理研究、电源系统负载稳定性等方面开展了一系列研究，也开展了部分地面试验和飞行试验，验证了部分技术的成熟程度和可用性，证实了机电作动器取代液压作动器对飞机整体性能提升的贡献，为我国新一代飞行器多电化提供了初步基础。

三、我国航空科学技术国内外比较分析

（一）2012—2013 年世界航空科技的主要进展

近年来，越来越多的国家加入到航空科技领域的竞争。为了加快航空的发展，美国出台了《2011—2040 财年飞机投资计划》；欧盟启动了“绿色天空计划”，俄罗斯则对航空工业进行了深度的改组，并要求俄罗斯航空公司必须购买国产客机。随着各国政府支持力度的加大，航空技术进入了新的快速发展时期，相继取得了一系列的突破。其中比较重要的标志性应用进展是：

1. 新一代宽体客机 A380 和 B787 成功交付

空中客车 A380 是法国空中客车公司所研发的巨型客机，也是全球载客量最高的客机。A380 为双层四发动机客机，采用最高密度座位布局时可承载 853 名乘客，在典型三舱等配置（头等舱–商务舱–经济舱）下也可承载 525 名乘客。该型号的原型机于 2004 年首次亮相，2005 年 4 月 27 日试飞成功。2007 年 10 月向新加坡航空公司交付，并于当月首次载客从新加坡樟宜机场成功飞抵澳大利亚悉尼国际机场。中国南方航空于 2011 年 10 月接收首架 A380 客机，并用于北京往返于广州与上海虹桥之间的航班，第二架和第三架也分别于 2011 年 12 月和 2012 年初接收。

波音 787 亦称梦幻客机，是波音公司最新型号的宽体中型客机。波音 787 于 2009 年 12 月首次测试飞行，2011 年投入服务。根据不同座位编排，波音 787 可载客 210 ~ 330 人，波音 787 比以往的产品更省油，效益更高。同时，波音 787 也是世界上首款以复合材料为主要结构用料的主流客机。中国南方航空和海南航空等已购进波音 787 客机，并投入使用。

2013 年 1 月 16 日，由于连续出现安全故障，美国联邦航空局宣布暂时停飞所有波音 787 客机。在修改电池设计之后，美国联邦航空局于 2013 年 4 月 25 日同意波音 787 客机恢复飞行；但造成原本锂电池起火的原因仍未找出。改良后的锂电池已进行超过 10 万小时测试，没有安全问题，且已添加多重保护，包括将电池装入可保持无氧状态的不锈钢容器，消除起火可能。

2. 欧美相继启动 A350XWB、A320neo 和 737MAX 项目

A350 为一款与波音 777 及 787 竞争、替代 A330 和 A340 系列的中至超长程中型宽体客机。2006 年年中，空客公司对 A350 原设计进行了重大调整，宣布其经重新设计的飞机定名为 A350XWB（即超宽机身—eXtra Wide Body）。根据空中客车发表的最新消息，空中客车将提供 3 种 A350 型号，其中一型的航程将超过 8800 海里，超越波音 787 及原本的 A350。其机翼为碳化纤维合成结构，机身亦会大量使用碳化纤维合成物。A350 XWB 将附设特大窗户，并采用以 A380 为基础的新驾驶舱。2013 年 6 月，首架 A350XWB 宽体飞机首飞成功。

在 A320 系列获得成功之后空中客车集团即开始规划其下一代接替之机种，为了快速进入市场，空客集团决定以现 A320 为基础，以大幅改良机体为出发，打造全新客机。2010 年 12 月空客集团正式公开 A320 的接替机种计划——A320NEO。由于使用新的发动机，预计新的客机较原客机可减少 16% 的燃油消耗，航程增加 950km（或搭载额外的 2t 货物）。A320NEO 计划对原本的机翼进行改良，包括加装翼端帆设计。由于采用翼端帆，预计将节省额外的 3.5% 燃料消耗，使承载载量增加 500kg（或增加额外的 100 海里飞行距离）；还可获得减少每架飞机每年 700t 二氧化碳排放量的环境效应，并替航空公司节省 22 万美元左右的费用。

2011 年，波音公司公布了波音 737MAX 计划，将会提供三款新型号 737-7、737-8 和 737-9，分别取代 737-700、737-800 和 737-900ER。主要改变是采用 CFM International LEAP-1B 发动机，扰流板采用电传操纵技术，以及延长机鼻起落架，预计 2017 年交付。

3. 俄罗斯多方面研制取得重要进展

T-50 战斗机是一款由俄罗斯联邦联合航空制造公司旗下苏霍伊航空集团主导，在“未来战术空军战斗复合体”计划下开发、生产的高性能多用途战机；作为第五代战斗机，其原型机于 2010 年 1 月进行了首次试飞，2010 年 2 月 6 日和 2 月 12 日，进行了第二次和第三次飞行。T-50 大量采用复合材料，占机身总重 25%，覆盖 70% 表面面积。钛合金占 75% 机体重量。为使其反尾旋性能最优化，机鼻雷达罩在前部稍微变平，底边为水平。为降低机身雷达反射截面积及气动阻力，两个内置武器舱以前后配置，置于机身中轴，位于与机身相连的两个引擎室之间，估计每个武器舱 4.9 ~ 5.1m 长。T-50 并未达至如 F-22 般的隐身能力，而是以复合材料、气动布局、抑压引擎特征等手段以达到缩减雷达、光学及红外线特征的目标。

苏 -35 是四代半重型战机，以夺取空中优势和实施空中打击为使命，具有远程、多用途等特性。较苏 -27、苏 -30、苏 -33 等，苏 -35 有更大机身和机翼，更大的机鼻，更大的方形尾翼。机身更多地采用碳纤维复合材料和铝锂合金，苏 -35 实现了航电系统的高度综合，配置有被动式电子扫描阵列雷达，和可实施向后方发射的半主动雷达导引导弹。

2013年3月中俄签署重大军售框架协议。中俄将合作建造4艘“拉达”级AIP潜艇，出售给中国。中国向俄采购24架苏35战机。这是十年来中国首次向俄采购重大军事装备。据俄罗斯之声电台网站2013年6月22日报道，中俄两国在本次巴黎航展期间又达成约100架苏-35出口协议。

2012年9月，伊尔-76改进型伊尔-476（伊尔-76MD-90A型）首飞成功。12月，首架样机涂装正式完成。伊尔-476运输机是苏联伊留申设计局研制的中远程重型运输机，是伊尔-76MD运输机的最新改进型，是现有伊尔-76运输机的有限升级版本。伊尔-476安装了一套全数字飞行控制系统、改进的“库普尔”-76M航电系统和玻璃驾驶座舱，以及4台新一代的佩尔姆PS-90A76型涡扇发动机。其巡航速度增加到825km/h，最大起飞重量达到210t，载重60t。PS-90A76型发动机推力为14.5t，相比伊尔-76原先使用的D-30KP型发动机的12t推力略有增加，同时，其油耗减少13% ~ 17%，在噪音和排放物控制方面，PS-90A-76型发动机符合国际民用航空组织2006年开始实施的更加严格的要求。

4. 美国、俄罗斯、日本启动第六代战斗机的研究

关于“六代机”作战概念，美国、俄罗斯及日本都提出了自己的方案，各具特色。

美空军在通告中提出，第6代战机必须能够与具有空中电子攻击能力、先进综合防空系统、无源探测设备、综合自防御设备、定向能武器和网络电磁攻击能力的对手作战，并可以在2030—2050年间的“反介入/区域拒止”环境中作战。其主要任务是遂行进攻性和防御性的对空作战，同时希望该机能够承担导弹防御、空中遮断和近距空中支援等任务，且应当具有比现役战机更远的航程和更长的久航时间，以及更好的生存力、态势感知、武器效能和人工智能。美第6代战机可能会配备定向高能武器——高能微波及激光武器，可防御来袭导弹，亦可携带各类导弹充当攻击武器平台。其所备弹药可能属于“可调控”式武器，可对空中或地面目标起到从损伤至摧毁的不同程度的破坏。

俄罗斯则强调战机应会“思考”。多名俄专家认为，俄军应像西方国家那样放弃T-50等第5代战机的研发，集中人力和物力研发第6代无人驾驶战机。俄罗斯航空巨头米高扬飞机设计局最近展示了其第6代战机——“电鳐”喷气式隐形无人战机。据称，这种战机具备高速、隐形和无人驾驶等特性。从照片上看，“电鳐”就像一架“缩小版的B-2轰炸机”，外形酷似飞镖。样机仅重10t，载弹量2t，航程4000km。“电鳐”使用了先进的隐身技术，其隐形性能“超过美军F-117隐形战机”，能悄然突破敌方的防空系统，对重要目标实施攻击：其发动机采用扁平喷嘴，减少了热辐射量，也可规避敌方的红外线探测设备；发动机进气道被飞机的前翼遮盖，避免被雷达搜集到辐射波；控制板接合部、起落架舱门和机舱门处在几条平行的线上，大大降低了雷达反射面；没有水平和垂直尾翼，所有武器都“藏”于机身内的两个弹舱。未来“电鳐”既可单独行动，也可与有人驾驶战机进行编队行动；既能执行危险的防空压制任务，又能有效打击坦克、军舰或机动导弹发射装置，甚至还可长途奔袭。

日本防卫省技术研究本部正在研制具有“i3”（信息化、智能化和敏捷性）特征的第6代战机。日本研制的第6代隐形战机将采用“云射击”及先进座舱技术。这一设想类似于“云计算”，利用先进数据链系统，将己方机群形成“云”，通过共享信息等方式，作为群体发动最有效率的攻击。例如，在多架战机编队接敌时，如果A机未能发现近处敌机而B机发现，后者可将对方情况传递给A机，且地面雷达和海上军舰也可将数据汇入这一体系。这可以使战机的攻击范围产生飞跃性的扩大，并增加先发制人的机会，减少弹药消耗。隐形性能也是日本第6代战机的主要特征之一。日本注重使用发达的民用技术和先进材料。例如，制造液晶电视所用的透明电磁薄膜材料对可见光是透明的，但具有可以遮断电磁波的特性，能用于制造隐形战机的座舱盖。此外，日本防卫省要求战机能够与未来其他的作战飞机协同行动，例如在前方担任战斗任务的自主型无人机、搭载具备反隐形能力大型雷达的预警机、搭载高功率化学激光器的战机等。他们通过多重加密的高速数据链相联系。如此一来，战机本身即使不搭载大型雷达，也可以通过无人机和预警机获取信息并攻击敌人，从而减少战机自身遭遇的风险。

5. 高速直升机技术取得突破

以美国西科斯基公司推出的X2直升机以及欧洲直升机公司推出的X3为代表，世界高速直升机领域取得新的技术进展。

2008年，美国西科斯基公司推出新一代高速攻击直升机X2。主要是通过采用先进技术，将主旋翼、推进尾桨和发动机进行一体化设计，使其共轴双旋翼的性能水平达到传统设计的“双倍”。X2直升机的双重复合旋翼设计吸取了当今最先进的直升机旋翼技术，是一种智能旋翼，即可在任意方向上随飞行状态变化而变化。这种智能变形旋翼使直升机能随时保持最佳的气动外形，对改善直升机的性能具有不可估量的价值。X2直升机在进行侦察时，驾驶员一旦把开关置“自动侦察”位置，智能化的作战系统就能自动地进行全方位搜索和探测并自动显示、记录、报告目标位置。当有导弹来袭时，安全系统就会立即报警，同时显示威胁的性质、方位、距离和所采取的对抗方式；故障显示系统则可自动诊断电子系统和机械系统的故障，甚至能预报即将发生的故障，并显示出应采取的防范措施。X2直升机无论是外形还是武器外挂点的设计，都将隐身性作为其设计的重中之重。从第4代战斗机开始，隐身设计已经是美军武器设计中必不可少的一环。X2直升机将采用新一代综合化、数字化航空电子系统，使其飞行控制、通信导航、火力控制、电子对抗等方面的性能得以提高，从而使直升机的信息战能力成倍提高。X2直升机还运用了大量先进制造技术，明显提高直升机零部件的使用寿命，降低结构重量，减少维修工作量和使用成本。

2010年欧洲直升机公司的新型高速直升机验证机X3已开始试飞，巡航速度可超过每小时407km。X3是欧洲直升机公司H 3高速远程混合直升机的验证机。后者可用于远程搜索和救援、边境巡逻、城际客运以及军事目的。X3混合型直升机采用两部涡轮轴发动机，融合直升机和固定翼飞机设计于一体。机顶有一副5桨叶旋翼，使飞机可以如普通直升机一样悬停和升降。机身两侧各有一片固定短翼，短翼顶端有螺旋桨，提供前进动力。X3 没有普通直升机具有的尾桨。与美国 V-22 倾转旋翼机等竞争者相比，X3 的设计概念经济性更好，适用于重型直升机。

6. 高超声速动力技术取得新的突破

在高超声速飞行器方面，以 X-37B、X-51A 等为代表，美国在该领域取得了重大进展。

X-37 是由美国波音公司研制的无人且可重复使用的太空飞机，由火箭发射进入太空，是第一架既能在地球轨道上飞行、又能进入大气层的航空器，同时结束任务后还能自动返回地面，被认为是未来太空战斗机的雏形。其最高速度能达到音速的 25 倍以上，常规军用雷达技术无法捕捉。它至今已发展出 X-37A 和 X-37B 两个版本，X-37B 已成功地连续飞行 469 天。

美国军方一直在研究高超音速的飞行计划，试图研制新型武器，可以在 1 小时内攻击地球上的任何一处目标。2013 年 5 月 1 日美军推出了实验型高超音速飞行器 X-51A"乘波者"无人飞行器，在飞行测试中其速度达到 5 倍音速以上。X-51A "乘波者" 在大约 6 分钟的测试过程中飞行了 230 多海里，即 425km 左右。这次测试的 X-51A "乘波者" 是波音公司研发的第四架该型高超音速飞行器，在此之前已经进行过数次测试。X-51A 的超燃冲压发动机使用烃类燃料，该技术也将被应用到更加广泛的领域。

除了研发 X-51A 外，美国防部高级研究计划局（DARPA）还有 HTV 计划，即高超音速轰炸机的原型机研制。计划目标为达到 20Ma 飞行速度。2011 年进行的 HTV 任务历时 9 分钟，但在进行了大约 3 分钟的可控飞行后坠毁；与 X-51A 相比，HTV 并未配备吸气式的超燃冲压发动机。

（二）航空科技的国内外差距

近年来，我国先后研制成功了歼 -10、歼 -11B 战斗机，随着这些军机的大量服役，使我国空军达到了质的提升。舰载机歼 -15 的成功首飞，及其在辽宁号航空母舰上依次实现了舰上起降、舰载机驻舰训练等，使得我国有了第一款舰载机，大大提高了我海军的作战能力，为我国建设一支强大的蓝海舰队，提供了坚实的基础。歼 -20 和歼 -31 的出现及试飞，标志着我国新一代战斗机领域取得了令世界瞩目的成绩。运 -×× 的首飞，标志着我国运输机领域取得了重大突破。武直 -10、武直 -19 的研制成功与列装，使得我国陆军航空兵的实力实现了质的飞跃。民机方面，C919、ARJ21、新舟 600 支线飞机和直 -15、AC313 直升机等新型航空器，在总体、气动、结构、航空电子、航空机电等专业技术领域取得了长足进步。但是，与国外先进水平相比，我国航空科技仍然存在比较大的差距。

1. 飞机总体

与国外发达国家相比，我国飞机总体技术的差距主要体现在：

（1）军民机技术发展不均衡

我国的军民机发展不均衡，民用飞机具有市场竞争力的产品少，没有形成产品系列，绝大多数仅仅出口到亚非拉等第三世界国家，从欧美等发达国家的情况来看，其民机份额占到了近 90%，而在我国，民机所占份额远远没有达到这种程度。我国只掌握了中小型运输机技术，在掌握大型和超大型运输机技术方面还处于研发阶段，飞机的经济性、舒适性、环保性、使用保障性等方面还存在比较大的差距。

（2）对新技术研究较少，技术储备不足

目前，国外非常注重对新型飞行器的探索研究；通过对这些新型飞行器的探索研究，可以积累飞机总体布局和系统构型所需的专业技术，为新型航空器的设计和研制奠定基础。虽然，近期有报道显示我国正在研制"利剑"隐形无人机等，也开始重视和加强新型飞行器的探索研究，但是规模较小，投入不足，新的创造性设计不多。与美国已经形成的 X 系列的研究机，俄罗斯、欧盟分别发展 S–47、"神经元"等研究机相比，综合技术还比较落后，动力系统方面的差距尤其明显。

（3）缺少自主开发的设计工具，数据积累不够

航空技术是一项综合性的高技术，飞机设计的过程，实际上就是对各种系统和技术进行权衡、折中、综合、优化的过程。随着航空技术的发展和新技术的不断涌现，现代飞机的复杂程度不断增加。传统的飞机设计方法已经无法适应现代飞机设计工作的需求。在这种情况下，国外已经开发了以 CATIA、iSIGHT 为代表的飞机设计和多学科优化工具软件，提高了数字化设计、仿真、优化和并行工程的能力；我国近年来在这一领域有了长足进步，但自主开发的工具欠缺，工程经验积累和经考核验证的数据积累不够，很大程度上限制了总体设计技术的进步。

2. 直升机

我国直升机工业自 1956 年开始起步，至今已走过了 50 多年的发展历程，走出了一条从无到有、从小到大、从跟踪模仿到自主研发的成长之路，在设计、研发、试验、制造等方面都取得了长足的进步。但是，在相当长的一段时期，由于人们对直升机产业认识不足，国家缺乏统一的总体规划，导致我国直升机技术发展落后于发达国家。

在总体气动布局方面，我国所有的型号设计均采用了单旋翼带尾桨的传统构型及气动布局设计，而国外的直升机总体布局中，既有单旋翼带尾桨布局，还有共轴、纵列、交叉式双旋翼，以及无尾桨式等布局形式。

在高速旋翼飞行器技术方面，国外的倾转旋翼飞行器已经装备部队，国内还正在做相关的关键技术预研；在共轴式前行桨叶概念结合推力尾桨的高速直升机，以及复合式高速直升机技术研究中，国外已经完成了首飞，国内仅做了少量的技术研究。

在直升机旋翼设计技术方面，我国在翼型和旋翼的系列化、桨毂结构形式的多样化等方面，与国外先进技术相比存在一定的差距。

在直升机制造技术方面，我国在激光、电脉冲、等离子喷涂等高精度加工技术，以及

智能化、纳米化、隐身化材料的制造技术方面与国外差距较大。此外，在直升机的生产规模和能力方面，国内外也有较大差距。

在飞行控制技术方面，国外大多数先进直升机已经采用电传操纵系统，并开始进行光传操纵系统的应用研究；在国内，直升机的电传操纵系统正在研制中，而光传操纵系统还在预研中。

在无人直升机技术方面，我国已有多个类型的样机试飞成功，但是在总体构型上（如共轴反转式、圆环型、涵道式、侧转旋翼式等），以及自主飞行控制技术方面，与国外无人直升机技术相比，仍存在一定的差距。

3. 航空动力

我国军用航空发动机技术与产品同国外先进国家相比，具有“代差”。我国大推力涡扇发动机“太行”于 2005 年底通过设计定型，与美国相应战斗机配置的 F100 发动机定型时间（1973 年 10 月）的名义差距为 32 年；美国的第 4 代战斗机发动机已于 2005 年 12 月装备飞机，具备初始作战能力；第 5 代飞机的动力已经试飞。

我国在军用发动机研制领域虽仍有“代”的差距，但以获得、突破式、跨越式的进展，但在民用航空发动机领域则几乎是空白，甚至我国的新舟支线飞机以及自主在研的 ARJ 支线飞机目前也只能选择国外的发动机进行配套。虽然中国为国产商用大飞机 C919 设立了专门的商用发动机公司，但短期内我国尚无能力研制出能通过适航认证的民用大涵道比涡扇发动机，仅能参与航空发动机转包业务。这一差距成为我国航空产业发展的最大瓶颈，也是国人、航空人的切肤之痛。

4. 飞行力学

近年来，在国内飞机设计所、试飞院、部队研究机构及航空高校飞行力学研究人员的共同努力下，我国在飞行力学基础理论、技术方法研究中取得了众多成果，为国内先进飞行器的设计研制提供了重要的技术支撑。但与欧美、俄罗斯等航空发达国家相比，我国在飞行力学方面尚存在较大的差距，主要表现在 3 个方面。

（1）预先研究力量较薄弱

飞行力学作为飞行器设计领域的一门应用学科，与工程实践关系密切，研究项目和经费需求较大。但目前我国对飞行力学领域的科研投入，主要是从型号研制中获得，难以满足需求，预研经费明显偏少。而且，由于该领域研究人员主要集中于航空设计厂所，而高校的研究力量较为薄弱，导致基础理论和技术的研究深度不够，持续发展后劲不足。

（2）飞行力学顶层设计牵引作用欠缺

新概念飞行器的设计，需要开展大量任务能力、性能技术指标、子系统技术需求的预先研究，飞行力学作为顶层设计学科，在牵引气动、发动机、结构、控制等各学科的发展及交叉融合中起着十分重要的作用。如美国在四代机预研阶段，设立多个研究项目，组建飞行力学、气动、控制、试飞人员组成的研究团队，采用理论分析、风洞实验研究、仿真试验和模拟飞行等手段，确定大迎角战技指标——过失速敏捷性指标需求、大迎角飞行品质指标需求及作战效能需求，牵引各子系统的设计。国内在顶层设计及学科交叉融合研究方面的工作有待加强。飞行力学研究的深度不够，在一定程度上制约了在先进飞行器设计中提出新概念、新方案的创新能力，影响和延缓了关键技术和型号的研制进程。

（3）飞行力学大系统仿真与试验研究不够

国外在新概念飞行器的设计研制中，开发了大量的飞行动力学仿真、模拟设备，进行人在环大系统仿真，同时研制验证机，开展实际飞行试验研究，充分检验各子系统性能及耦合特性，降低技术风险。国内在飞行力学大系统仿真、试验方面的相关研究较为欠缺。

5. 飞行试验

随着我国航空工业和航空科技的发展，我国的飞行试验行业也有长足的发展，为航空工业的发展做出一定贡献。但与航空发达国家相比，在以下几个方面还存在大的差距。

（1）飞行试验技术储备方面

美国飞行试验机构于 20 世纪 70 年代就开始第四代战斗机试飞技术研究，利用专门改装的试验机开展了矢量推力、过失速机动、隐身、超声速巡航、信息感知融合、电子战、信息战、火 – 飞 – 推 – 控制系统试飞技术研究，并突破和掌握了这些试飞技术，为 F–22 和 F–35 的鉴定试飞奠定了坚实的基础。

目前，国内主要围绕在研航空产品设计定型 / 合格审定试飞任务的需要而开展某些飞行试验技术研究，缺乏前瞻性研究所需的试飞方法和手段，试飞技术创新能力明显不足。

（2）利用试验机飞行试验突破航空发展关键技术

美国之所以能够成为航空技术最发达的国家，其重要原因之一是利用专门设计的 X 系列研究机和利用现役飞机经专门改装的试验机进行研究性飞行试验，对航空新概念、新理论、新技术、新材料等进行探索研究、验证，当其成熟度达到一定的高度后应用于航空新产品的设计、制造，从而大大降低航空新产品研制的风险。

由于我国航空工业刚刚从测绘、仿制向自行设计、自主创新转变，许多妨碍航空发展的关键技术尚未完全显露出来。因此，在利用试验机飞行试验突破航空科技发展关键技术方面基本上还是空白。

（3）飞行试验测试技术

航空发达国家的飞行试验机构的试验场都建有设备先进、测量精度高的光电测量带，以满足飞机起飞性能和着陆性能测量、模型自由飞跟踪测量、外挂物投放跟踪测量、武器投掷和武器发射、靶试的跟踪测量以及地形跟踪 / 地形回避试验的跟踪测量、飞机大迎角 / 失速 / 尾旋飞行试验跟踪测量等。

国内飞行试验机构试验场虽有一定数量的外测设备，且精度较高，但到目前为止，还未建成光电测量带，这就使得一些试验（如模型自飞试验、飞机大迎角 / 失速 / 尾旋试验）无法获得由外测设备提供的轨迹参数和姿态参数，给试飞结果分析带来较大的困难，甚至可能影响试飞结论的准确性。

国内试飞机构的机载测试系统的性能指标已接近当今世界先进水平，其原因是这些机载测试设备大多数是从国外引进的，只有小部分是国内自行研制的。有的系统是整套引进的，有的系统是从国外购进器件、部件、组件，由国内测试设备研制人员和使用人员集成为系统。虽然这些测试系统性能很先进，但使用技术还比较落后，这些先进测试系统的效能未能充分发挥。另一方面，国内还不能研制具有自主知识产权的先进的飞行试验测试系统供飞行试验使用。

（4）飞行试验驾驶技术和评定技术

在航空发达国家中，只有试飞员学校培养的飞行员才有资格成为试飞员。国外研发的最先进的飞机都由顶尖的试飞员承担试飞。

国内大多数试飞员来自飞行部队，没有经过试飞员学校专门培训。他们也能按试飞任务单完成飞行试验任务，但在准确评价试验对象特性时，不能发现试验产品存在的设计、制造缺陷。例如，在某型号设计定型试飞中，我国试飞员评价该型号飞机不十分理想，但未明确指出存在设计缺陷。俄罗斯试飞员经过几架次飞行就提出 16 个设计缺陷和改进措施，并为设计制造方所接受，改进了设计。国内也成立了试飞员学院，但与国外试飞员学校相比，在培养能力、地面模拟设施和教学用的飞机等方面都存在较大差距。

6. 制造

航空制造业被视为一个国家综合实力的象征，涉及科研、工业、材料、电子等多方面。和发达国家相比，我国航空工业起步晚，科技实力弱，有太多领域落后，尤其是在民用航空制造业。

民用航空制造对于产品安全性、可靠性的极致要求使制造企业必须在工业设计、材料技术、加工技术、电子系统等领域有着非常深入的研究。当前，世界民用航空制造业，无论是飞机的整机制造还是飞机零部件的制造，几乎完全为国外企业垄断。飞机整机制造商主要有波音、空客、庞巴迪宇航、巴西航空等，其中波音和空客主要生产中型、大型客机，而庞巴迪和巴西航空则主要针对中小型支线飞机及商务飞机市场。飞机主要零部件企业中，最著名的是几大民用航空发动机公司罗尔斯－罗伊斯、通用电气、赛峰、普拉特惠特尼集团等，也包括其他著名航空部件制造商霍尼韦尔。这些企业能够保持领先，主要得益于他们每年都投入大量的资金进行新材料、新工艺等的研究。

中国的民用航空制造业刚刚起步，先后成立了中国商飞和中国商发，立足于制造自己的大飞机和民用航空发动机，虽然取得了长足的进步，但与国际先进水平尚有较大的差距。近年来，中国民用航空工业除了中航工业、商飞、商发等“国家队”成员外，也涌现了一批立志进入民用航空制造领域的民营企业，随着国家和民间对航空技术的支持和投入的增加，中国的航空工业的发展势头将进一步加速。

7. 材料

航空材料反映结构材料的发展前沿，航空材料代表了一个国家结构材料技术的最高水平，“一代材料，一代飞行器”更是说明了航空材料发展对于飞行器发展的重要性。中国航空产业经历了从修理、引进、仿制到改进、改型和自行设计研制的发展历程。用以制造航空产品的材料也经历了引进、仿制、改进、改型和自行研制的发展历程。到目前为止，我国已定型生产的航空用金属、有机高分子材料、无机非金属材料以及复合材料的牌号约2000余个；已建成具有一定规模的航空材料研究与生产基地，拥有生产航空产品所需各类材料牌号、品种与规格的生产设备及检测仪器；先后制定了1000余份各类航空材料、热工艺及理化检测标准（包括国标、国军标与航空标准）；编写出版了《中国航空材料手册》《发动机结构设计用材料性能数据手册》及《航空材料选用目录》等；颁布了“航空工业材料及热工艺技术工作规定”“航空材料（含锻、铸件）技术管理办法”等法规性文件。从总体上看，我国目前已定型生产的航空材料（含类别、牌号、品种与规格）及其相应的标准与规范，基本上能满足第二代航空产品批量生产的需求。针对第三代航空产品所需关键材料，如热强钛合金、高强铝合金、超高强度结构钢不锈钢、树脂基复合材料、单晶与粉末高温合金等，尚不能满足我国新一代航空飞行器的材料要求。

同时，目前我国前沿材料研究滞后，新材料储备少，第三代、第四代航空产品所需的一些关键材料，如快速凝固材料、高强轻质结构材料、热强钛合金、超高强度钢、金属间化合物及以其为基的复合材料、树脂基复合材料等的研究滞后，与国外先进新材料研制水平的差距约为15～20年；新材料研制、生产和应用研究的基础条件较差，如超纯熔炼、高温整体扩散连接、喷射成型、等温锻造、电子束沉积涂层、纳米材料制备、超高温检测、超声显微镜、激光无损检测等先进的合成与加工设备、质量检测与控制手段等不能满足新材料研制、生产与应用的需要。

目前我国航空材料存在的上述问题，严重制约我国航空工业的发展，对我国航空产品的设计与研制、生产与使用造成一系列严重后果。

8. 机载航电系统

在航空机载系统领域，与国外相比，我国的技术水准和存在的差距主要表现在以下几个方面：

在信息获取系统方面，我国的机载雷达系统已经获得实际应用，但与国外仍存在一定差距。其中，相控阵雷达在T/R组件的小型化、全频段、可靠性方面与国外尚存一定差距。机载SAR的差距，主要体现在连续稳定成像和高分辨宽测绘带成像方面。在光学设备、特别是红外信息获取系统方面，第二代扫描型焦平面成像器和凝视型焦平面成像器技术国外已经进入工程应用阶段，而国内还处于起步阶段。

在航空通信系统方面，国际上航空通信系统的发展重点主要包括：①航空数据链；②航空电信网。近几年国内在数据链研究方面取得了较大进展，但与国外相比，在航空电信网的应用与发展上，仍存在一定差距。

在无线电导航系统方面，我国的无线电陆基导航系统已经建有3个罗兰C导航台链，可覆盖我国的大部分地区。我国的北斗卫星导航系统是世界上继美国的GPS和俄罗斯的GLONASS系统之后第三个已建成并投入使用的卫星导航定位系统，但其应用与美、俄相比尚存在一定差距，随着北斗二代投入使用，这个差距有望几年之后赶上。

在故障诊断与自动测试系统方面，美国在选用或制定标准时非常重视利用普通工业技术的商用标准。目前，我国自动测试系统（ATS）技术尚处于初级发展阶段，需要建立统一的规范和标准。

在敌我识别方面，技术水平与国际相近，但在非协作式敌我识别方面较落后，差距主要在目标特性数据库的建立和有效性判断方面。

在总线技术方面，由于计算机技术水平的制约，我国与国外在总线技术的系统组成、系统结构等方面均存在一定的差距。我国在1553B总线的设计、生产和应用方面已经成熟，FC/SCI/AFDX等网络正处于预研之中。

在传感器综合技术方面，我国目前主要按照所、厂分工体制开展相关研究，在总体研究、规范标准的制定等方面与国外相比均存在一定差距。

四、我国航空科学技术展望与对策

（一）我国航空科技发展展望

1. 我国航空科技发展所面临的环境

我国航空科技的发展具有良好的政治经济环境。首先，从经济上看，我国的经济实现了平稳较快的增长，成为世界第二大经济体。随着经济实力的增强，人们出行会更多的选择飞机，因而对航空的需求将更加旺盛，这将对航空科技的发展起到重要的拉动作用；其次，随着我国建设创新型国家进程的不断推进，基础工业、基础技术能力的提升以及科技人才队伍的不断壮大，发展航空科技所需的相关技术和人才情况也会得到进一步的改善，国家对航空等高技术产业的倚重程度将会更高，政府支持航空科技发展的力度也将加大，这也将有利于航空科技的发展；此外，我国所面临的国际形势较为严峻，主要是美国重返亚洲，并或明或暗的支持一些与我有领土争端的国家与我国对峙。其中，以日本、菲律宾最为活跃，日本更是图谋建立反华同盟，给我国造成了较大的政治、军事压力；也促使我国继续对以航空科技为代表的高技术持续投入较大资金，并适时研发新型航空装备、加强国防实力。

2. 对我国航空科技发展的战略需求

为了加快航空工业的发展，促进创新型国家建设，航空科学技术工作所面临的主要战略需求是：以支持型号发展带动技术进步，进而增强创新能力。力争到2020年，高端装备制造业销售产值占装备制造业销售产值的30%以上。国内市场满足率超过25%。在航空装备方面，以市场可大规模应用的重点产品研制为主线，统筹航空技术研发、产业化、市场开发与服务发展，重点加快推进大型飞机研制，大力发展系列支线飞机、通用飞机和直升机，重点突破发动机、重要机载系统和关键设备，提高航空大部件、空中交通管理系统等的专业化生产能力，建立具有持续发展能力的航空产业体系。

目前，战斗机以歼 –20 为代表、战略运输机以运 –×× 为代表、民用客机以 C919 为代表的新型航空产品研制已经到了关键阶段，必须集中力量，全面攻克这些型号研制、生产、服务、保障中的各项技术难关，确保产品的质量、性能和安全性，为国防建设、航空运输和通用航空事业的发展提供可靠适用的装备。

随着科技创新工作的不断深入，我国在材料、信息、能源等技术领域不断产生新的突破。同时航空科技也对这些新兴技术领域的进步产生强烈的需求牵引和技术互动，在新技术成果的集成应用和工程研制应用中正在发挥越来越明显的引领作用。为了增强我国航空科技的自主创新能力，必须加强对前沿技术的探索研究，这不但可以为自主创新增添新的技术元素，而且对于带动相关技术的发展也具有重要意义。

3. 我国航空科技的发展前景

目前，国家对航空科技的支持力度不断加大，广大科研人员热情高涨，新型航空产品的研制进展顺利，科研成果不断涌现。特别是低空开放政策的逐步实施，将会给我国航空事业的发展增添新的活力。

根据我国航空科技发展所面临的环境和发展态势，预计到 2029 年，我国的客运周转量将从 2009 年的 4200 万亿客千米增加到 1.88 亿客千米，我国客机机队的规模将从 2009 年的 1465 架增加到 4912 架，考虑到飞机退役和扩大机队规模的需要，2029 年前我国共需新购客机 3750 架。我国飞机的产品系列将得到较大的完善，在民用客机方面，将形成由 MA60、ARJ21、C919、C929（C919 的发展型）等构成的 50 ~ 250 座产品系列；在通用航空方面，将形成由固定翼飞机、旋翼机、无人机、水陆两栖飞机等机种构成的，能执行公务飞行、抢险救援、巡逻监视、空中作业、旅游观光等任务的产品系列。我国在绿色航空、高超声速、自主控制等前沿技术探索方面将取得显著进步，形成比较丰富的航空技术储备。在军用战斗机方面，歼 –20 很有可能将会在 2016—2020 年列装部队，逐步形成战斗力，届时将使我国对绝大多数周边各国形成空中优势。2020 年以前，载有歼 –15 的以辽宁号航空母舰为核心的航母战斗群，会形成战斗力，使得我国蓝水海军的建设初具规模，大大增强对远海远洋的控制力和威慑力。运 –×× 将在 2020 年前入役，将会大大提高我军的后勤服务能力、战略投送能力，为我国建立真正的战略空军提供重要装备。

（二）关于重点研究方向的建议

针对我国航空科技发展的环境和战略需求，建议重点发展以下航空技术：

1. 绿色航空技术

“绿色航空”技术主要是指减少排放和降低噪声的技术。近年来，美国、欧盟先后启动了持续低排放、低能耗和低噪声项目（CLEEN）、欧洲环境友好型发动机项目（EFE）和“洁净天空”联合技术计划等。欧盟推出碳排放税，虽引起了美国、日本、中国等的强烈不满，但也表明减低碳排放的急迫性和严峻挑战。如果不掌握绿色航空技术，我国未来的民机将很可能遭遇环境保护的技术壁垒而无法进入市场；尤其是对于C919、C929等客机的研制，绿色航空技术具有重要意义。

2. 新航行系统技术

新航行系统在安全和经济效益方面都有着巨大的作用。目前，世界各国纷纷建立自己的发展规划，以确定未来空管系统的体制与构成。经过了准备阶段和FANS A/A+阶段之后，国外新航行系统已经进入FANS B实施阶段。为满足我国航空业未来发展的需要，我国必须大力加强新航行系统技术的研发和应用。

3. 新一代直升机技术

美国V-22倾转旋翼机、X2高速直升机的研制成功，标志着直升机技术已经迎来跨越性的发展机遇。美国“海豹”第六分队乘坐隐声直升机突入巴基斯坦境内、击毙的战例，使人们对先进直升机的作用有了新的认识。我国应加强新一代直升机技术研究，提高其飞行速度和机动性能，降低振动噪声，为我国新一代直升机的发展奠定基础。

4. 先进气动布局技术

先进气动布局技术是指为实现未来飞机的气动性能和战术技术要求，而对飞机总体设计中的气动布局方式、气动设计参数进行的综合选择和优化。气动布局是飞机气动技术的集中体现，它直接影响飞机的隐身能力、飞行性能和经济性。目前，先进气动布局技术已经发展成为一项多学科的综合性技术，其中，气动/隐身性能的一体化、气动/进排气系统的一体化、气动/飞行控制的一体化等已成为满足未来作战飞机隐身、超声速巡航、过失速机动、短距起落等要求的必不可少的技术。

5. 主动结构技术

利用主动结构技术，可以使飞机在起飞、巡航、执行任务、返航、降落等各个阶段保持气动效率最优，改善飞行器操纵和控制品质，大幅度提高飞机的飞行效率和完成任务能力。为了夺取未来的技术优势，应加强主动结构技术研究。

6. 自主控制与决策技术

飞行器自主控制与决策技术将自主技术引入飞行器控制系统，可以提高飞行器在不确定前提下处理复杂问题的自主控制与决策能力，从而显著增强飞行器的任务适应性、作战效能及生存力。

7. 高推重比 / 高功重比发动机技术

为了满足我国航空发展的需要，必须尽快突破航空动力瓶颈。针对未来军民用飞行器的发展需求，开展三维气动与整体结构设计、高效压缩系统技术、高热容低污染燃烧室技术、高效率涡轮设计技术和发动机综合集成技术研究，掌握高推重比涡扇发动机和高功重比涡轴发动机技术，为新型航空器的发展提供动力。

8. 高性能复合材料技术

高性能复合材料及其产业的发展已成为 21 世纪新材料技术发展最为重要的方向之一，由于其结构与功能的可设计性，人类对其的期望值越来越高。高性能复合材料与传统材料不同，从材料的设计、原材料的取舍、材料的制备、加工工艺到应用的终端是一个系统工程。原材料是复合材料的基础，低成本是复合材料拓展利用的前提，设计理论是复合材料利用与成长的支持与保障，这些是制约复合材料成长的 3 个“瓶颈”问题。开发质量稳定的高性能纤维与专用树脂及相关配合料，开拓高性能纤维在复合材料领域的应用，降低成本，解决原材料、工艺、设计、评价等方面一系列的科学与技术问题，是全部材料界同仁所肩负的重担；国内有关部门和材料工作者应全力配合，达成“我国由新材料大国向新材料强国改变”的目标。

9. 纳米材料与航空应用技术

纳米材料是指在三维空间中至少有一维处于纳米尺度范围（1 ~ 100nm）或由它们作为基本单元构成的材料，由于其具有表面与界面效应、小尺寸效应、量子尺寸效应和宏观量子隧道效应。纳米材料技术是目前迅速发展的新兴技术。纳米结构材料可以大幅度提升航空器的结构强度和使用寿命，纳米功能材料可以显著改善传感器和微电子器件的性能，提高飞机的隐身能力。我国应利用纳米材料的特性对传统材料进行改进，进而开发出更高性能的材料，开辟出新的材料生产途径，以满足传统材料所不能达到的要求，尤其是航空航天领域对材料性能的特殊要求。应用纳米材料可以减小飞行器电子元件的体积和质量，并提高可靠性。纳米技术对我们既是严峻的挑战，又是难得的机遇。必须加倍重视纳米技术和纳米基础理论的研究，为我国在 21 世纪实现经济腾飞和科技进步奠定坚实的基础。我国还应充分利用纳米材料迅速发展的技术机遇，着眼于满足新一代航空航天飞行器对于纳米材料的需求，整合国内研究资源，加大纳米材料与航空应用技术的研究力度，为航空技术的发展增添新的动力。

10. 故障预测和健康管理技术

利用故障预测和健康管理技术（PHM），可以对航空产品进行准确的故障预测、检测和隔离，自动报告故障并预测结构寿命，实现在准确的时间对准确的部位采取准确的维修活动。故障预测和健康管理技术对于减少维修项目、节省维修费用、减少武器装备的事故率具有重要作用。

我国现在对综合故障诊断、预测和健康管理技术的需求是明确而强烈的。但是由于理论研究和应用研究结合不够，应用需求不能得到系统而明确的分析与引导，对于这一跨传统专业与领域的交叉、综合专业缺乏有效的组织，所以研究与应用的进展比较缓慢。为提高我国军民用飞机的可靠性、维护性、保障性、安全性和测试性，应切实解决存在问题，加快发展这项技术。

参考文献

[1] 张新国. 从自动飞行到自主飞行——飞行控制与导航技术发展的转折和面临的挑战[J]. 飞机设计，2003(3).

[2] 张汝麟. 飞行控制与飞机发展[J]. 北京航空航天大学学报，2003(12).

[3] 宋笔锋. 冯晓强，胡峪. 空天体系对抗下未来战斗机发展的一些思考[J]. 航空工程进展，2010(2).

[4] 李清. 未来战斗机发展展望[J]. 国际航空，2009(7).

[5] 贾秋锐，孙媛媛，陈萃. 航空制导武器制导技术发展趋势[J]. 飞航导弹，2010(5).

[6] 承德保，陆志东，岳亚洲. 机载惯性/天文组合导航技术综述[J]. 光学与光电技术，2009(3).

[7] 党举红，郭兆电. 我国大型民机总体技术突破方向研究[J]. 航空制造技术，2013(4).

[8] 张正国. NASA 未来先进民用飞机与推进系统设计[J]. 国际航空，2012(2).

[9] 师成梅，张生贵. 大型客机外部噪声预计软件系统及其应用[J]. 振动工程学报，2008(9).

[10] 郭生荣. 航空机电系统综合化技术展望[J]. 国际航空，2012(8):49-52.

[11] Bodie M, Russell G, McCarthy K, et al. Thermal Analysis of an Integrated Aircraft Model[J]. AIAA Paper, 2010, 20: 1-288.

[12] Walters E A, Iden S, McCarthy K, et al. INVENT modeling, simulation, analysis and optimization[C]//48th AIAA Aerospace Sciences Meeting Including the New Horizons Forum and Aerospace Exposition, 2010: 4-7.

[13] Rosero J A, Ortega J A, Aldabas E, et al. Moving towards a more electric aircraft[J]. Aerospace and Electronic Systems Magazine, IEEE, 2007, 22(3): 3-9.

[14] Zhang P, Ma Q. A method of evaluating robustness of more-electrical-aircraft power system based on natural connectivity[C]//Industrial Electronics and Applications (ICIEA), 2011 6th IEEE Conference on. IEEE, 2011: 158-160.

[15] United States Air Force Chief Scientist (AF/ST). Report on Technology Horizons A Vision for Air Force Science & Technology During 2010-2030[R]. 2010.

[16] John P. Geis II, Christopher J. Kinnan, Ted Hailes, Harry A. Foster, David Blanks, Future Capabilities and Technologies for the Air Force in 2030[R]. 2009.

[17] Headquarters, United States Air Force. United States Air Force Unmanned Aircraft Systems Flight Plan 2009-2047[R]. 2009.

[18] Department of Defense, United State of America. Unmanned Systems Integrated Roadmap FY2011 - 2036[R]. 2011.

撰稿人：余 策

专题报告

飞行器设计发展研究报告

一、引言

本报告以军民用飞行器设计为主，研究了 2012—2013 年我国在军用和民用飞行器领域的发展概况和取得的重大技术成果，结合国外飞行器总体方面的研究进展分析了军民用飞行器总体设计方面的发展趋势和值得关注的技术领域，为从事航空科学技术工作的科研人员和管理人员提供参考。本报告主要包括发展现状、国内外比较分析、展望与对策等几部分。

飞行器总体设计领域包括军用和民用领域的有人和无人驾驶固定翼飞行器、旋翼飞行器、各种浮空器等。限于专业分工，本报告重点叙述了有人和无人驾驶的固定翼飞行器总体设计技术领域的进步，没有涉及旋翼飞行器、浮空器总体设计领域的进展，与总体设计相关的气动（空气动力学）、结构和系统领域均有独立的专题报告，如有兴趣，可以参看相关的专题研究报告，本文不再赘述。

二、发展现状

（一）总体发展态势

近两年来，尽管全球经济低迷，但各国对航空技术的热情依然不减，军工投入积极稳定，新技术研究稳步推进。军用航空领域，美国独大，欧盟、俄罗斯、中国积极跟进，尤其是中国，在军机领域进步显著，短短两年，两型五代战机歼 –20 和歼 –31、YX 运输机、舰载机歼 –15 相继首飞，预示着中国已经逐步迈入航空大国团队。民用航空领域，在干线机方面，两大寡头齐头并进的竞争格局没有改变，庞巴迪 C 系列、俄罗斯的 MS–21、中国的 C919 仍在研发之中，三架机的首飞预计在 2013 年、2016 年和 2017 年。支线飞机的主要格局仍未改变，除俄罗斯的 RRJ 已经交付外，中国 4 架 ARJ–21 飞机正在进行紧张的适航试飞，日本三菱公司的 MRJ 正在研制。

（二）国外重大进展

1. 美国着手下一代轰炸机和第六代战斗机项目

2013 年 1 月，美国总统签署了《2013 财年国防授权法》，再次全额批准了美国空军为下一代轰炸机项目申请的拨款 2.92 亿美元。

2012 年 4 月美国海军确定了 F/A–XX 战斗机为第六代战斗机，计划 F/A–XX 战斗机在 2030 年左右代替使用寿命超过 9000 小时（2030 年）的 F/A–18E/F 超级大黄蜂战斗攻击机和 EA–18G 咆哮者电子战飞机。最近也陆续公布了一些六代机的特征，如全向隐形，超音速巡航、DSI 进气道、有人 / 无人双模式操纵等。

2. 俄罗斯启动了未来战略轰炸机 PAK DA 项目

2012 年 6 月，俄罗斯完成了未来战略轰炸机“远程航空兵远景航空系统”PAK–DA 的设计草图,2013 年 3 月，俄罗斯空军批准了 PAK–DA 战略轰炸机的方案设计和战技指标，用以替代俄军现有的图 –95MS 和图 –160，研制单位是图波列夫设计局。

3. 印度舰载型“光辉”战斗机首飞

2012 年 4 月，印度的舰载型“光辉”（Tejas）战斗机在班加罗尔成功完成了首飞。该机首次试飞共 22 分钟，该机是在印度空军的陆基型“光辉”战斗机的基础上改进研制的。

4. 印度启动了中型运输机 MTA 项目

2012 年 12 月，俄罗斯联合飞机制造集团（UAC）透露了其与印度联合研制的中型运输机（MTA）项目新的时间表，根据新的时间安排，该中型运输机将在 2017 年实现首飞。MTA 为双发飞机设计，最大载重量 15 ~ 20t，巡航速度 800km/h，具备短距起降能力，航程为 2700km。

5. 各国竞相开展无人飞行器的研发

无人飞行器简称无人机，随着美国 X–47 的不断进展，无人机替代有人机成为真正意义上的作战飞机的时代已经到来，世界各国都在大力研发，估计全球的无人机项目已由 2005 年的 195 个大增至目前的 680 个。最新的进展主要有：

2012 年 1 月，配备完整“信号情报”（SIGINT）传感器套件的高空长航时（HALE）“欧洲鹰”（EuroHawk）无人机在德国 Manching 空军基地完成了首次测试飞行。这是 Cassidian 公司和诺斯罗普 · 格鲁门公司共同取得的一次具有里程碑意义的成绩。

2012 年 6 月，伊朗成功地对其首架“Koker–1”垂直起降无人机进行了测试，该机可在各种气象条件下执行任务，其任务半径为 170km，可持续飞行 3 小时，飞行高度达 12000 英尺（约 3658m）。

2012 年 12 月，法国达索公司主导研制的欧洲首架无人驾驶隐形战机“神经元”验证机首飞成功，神经元重达 7 吨，翼展与幻影 -2000 差不多。

继 2012 年 12 月 29 日完成陆基弹射起飞后，2013 年 5 月 4 日，在马里兰州帕图克森特河海军航空站试验场，X-47B 无人机完成了首次陆基拦阻着陆试验；2013 年 5 月 14 日，X-47B 无人机首次从航空母舰上弹射起飞，2013 年 7 月 10 日，X-47B 无人机完成了首次航母着舰试验，在人类航空史上创下了新的纪录。该机 2007 年开始研制，2011 年 2 月首飞，装备有高度发达的作战系统，航程 2000 海里，具备为美国海军提供远程打击和侦察任务的能力。

以色列推出了“竞技神”无人机，最大起飞重量 1.2 吨，续航时间 40 小时左右。

俄罗斯国防部也已于 2012 年 7 月选中苏霍伊公司为新型重型无人攻击机的开发商。

6. 空客 A350XWB 项目

A350XWB 宽体飞机是空客全新设计的中型远程飞机，其系列由 A350-800、A350-900 和 A350-1000 三种型别组成。该机大面积采用新型复合材料，在典型三级客舱布局下，载客量介于 270 人至 350 人之间，与现有同级别飞机相比，A350XWB 宽体飞机的燃油效率提高 25%，排放减少 25%。2012 年 12 月，完成飞机主体结构组装及系统安装工作。2013 年 6 月飞机首飞，预计 2014 年下半年交付使用，已经获得世界各地 34 家客户的 616 架确认订单，随着该机的交付，波音公司（Boeing Co.）和空客在新型中远程宽体客机上的竞争将愈演愈烈。

7. 空客 A320neo 项目

面对其他新的单通道飞机研发计划，波音公司启动了 737MAX 项目，空客公司推出了 A320neo 计划，该计划自 2010 年底启动以来，已经获得将近 1300 架确认订单，成为有史以来订单增长最快的机型。目前，已经完成了普惠公司 PW1100G 发动机的飞行测试和 CFM 公司 Leap-1A 发动机的地面测试，项目进展顺利，预计 2015 年投入运营。

8. 波音 737MAX 项目

波音公司 737MAX 飞机采用机身、发动机、飞行控制系统等一系列改进建议，737MAX 飞机油耗比现有 737 飞机降低 10% ~ 12%，且单座运营成本比其他竞争机型低 7%，该机已获得全球超过 1000 架确认订单和承诺订单，将于 2017 年投入运营。

9. C 系列项目

庞巴迪航宇公司 C 系列飞机项目 2008 年 7 月启动，意图打破波音及空客公司在单通道客机市场的垄断局面，2012 年 9 月，其静力试验机开始总装，首架飞行试验机 FTV-1 也开始接受零部件，首飞时间原定在 2012 年底，并准备 2013 年 CS100 交付用户，现在进度已经推迟。

10. MS-21 项目

MS-21 是俄罗斯伊尔库特公司正在研制的单通道飞机项目，2012 年 6 月，伊尔库特公司与普惠公司就为 MS-21 飞机提供安静清洁动力 PW1400G 发动机签署了最终协议，该机能容纳 150 ~ 210 名乘客，预计 2015 年首飞。

11. X-48 项目

波音公司注重未来亚音速客机的新型布局，从 2007—2010 年，波音公司用 X-48B 缩比模型在 NASA 德莱登中心完成了 92 次飞行。从 2012 年 8 月开始，改型的 X-48C 又开始了新一轮试飞，截至 2013 年 4 月，共进行了 30 次探索和验证翼身融合体设计概念气动特性试飞，试飞结果表明，BWB 飞机能显著提升气动效率、降低噪声，并且能和传统的圆筒机身 - 机翼设计一样在起飞、着陆和其他低速飞行包线范围内实施有效操纵。翼身融合体概念已显示出能满足所有 NASA 未来飞机设计环境目标的潜力。

12. EAR 计划第二阶段启动

2009 年环境友好型航空（Environmentally Responsible Aviation，ERA）项目第 1 阶段启动，2013 年 ERA 项目第二阶段启动，根据第一阶段研究情况选定了 8 项关键技术进行验证，分别是主动流动控制增强垂直尾翼飞行验证；损伤捕获复合材料验证（目标是减重 25%）；柔性自适应后缘飞行验证；高负荷前端压气机验证；第二代 UHB 比例推进器集成验证；低氮氧化物发动机燃烧室验证；襟翼和起落架降噪飞行验证；UHB 发动机和 HWB 飞机一体化验证等。

（三）国内重大进展

1. YX 运输机

2013 年 1 月 26 日，中国的 YX 运输机在西安首飞。YX 运输机采用常规布局、悬臂式上单翼、前缘后掠、无翼梢小翼，最大起飞重量为 200 吨级，拥有高延伸性、高可靠性和安全性，标志着中国跻身“世界大飞机行列”。

2. 歼 -20 飞机

2011 年 1 月，中国的歼 -20 飞机在成都首飞，这是中国的第一款五代机，采用鸭式气动布局、高位大三角翼、内埋弹仓。自首飞以来，歼 -20 飞机持续试飞。

3. 歼 -31 飞机

2012 年 10 月，绰号“鹘鹰”的歼 -31 飞机在沈阳首飞，该机机头、机身呈菱形，外倾双垂尾，带锯齿的起落架舱，内埋弹仓，是一款单座、双发、双垂尾的轻型隐身战斗机。

4. 歼 -15 飞机

中国自行设计研制的首款舰载多用途歼击机歼 -15 飞机于 2012 年 11 月在中国首艘航母“辽宁舰”成功起降。该机是一款重型双发舰载歼击机，配装 WS-10 国产发动机，可遂行制空、制海等作战任务，飞行性能良好，配挂多型精确制导武器，具有远程打击和昼夜间作战能力。

5. ARJ21 项目

继 2008 年 11 月首飞之后，ARJ21 飞机已安全完成研制试飞 2800 余小时，取证试飞 700 余小时。目前，中国民用航空局（CAAC）局方试飞员已完成了空速校准、干空气机翼防冰、风挡防冰、部分导航系统、动力装置、燃油系统、电源系统、溅水试验、负加速度、失速等 37 项局方审定试飞科目；特殊气象与自然环境的试飞科目取得进展，自然结冰、大侧风、高温高湿等外场试飞科目完成了阶段性目标。FAA 局方试飞员已完成试飞科目培训，试飞随后展开。ARJ21-700 飞机目前处于适航取证阶段后半段和尾声，预计在 2014 年中完成适航取证工作，随后实现交付用户。

6. C919 项目

C919 飞机是中国商飞研发的单通道客机，采用 CFM 公司的 Leap-X 发动机，是继 ARJ21 飞机之后中国人在民机领域的又一次攀登。截至 2012 年底，C919 的优化全机气动布局以及主要系统设计评审等方面均有所进展，相关的强度试验以及损伤容限分析等工作也已经展开，各大供应商已经开始制造 C919 的首批零配件，其中沈飞研制的后机身部段样件前段和吊挂部段样件已成功下线。2012 年 11 月 13 日，中国商用飞机有限责任公司在第九届中国国际航空航天博览会上宣布了 50 架 C919 飞机的新订单，至此，C919 飞机累计获得的订单数达到了 380 架。C919 飞机项目面临的主要问题：一是发动机问题；二是适航问题；三是进度问题。

7. 新舟 700 飞机

2013 年，中航工业启动了新舟 700 客机研制工作，该机是双发涡桨支线飞机，此举意在打造新舟 60、新舟 600、新舟 700 飞机系列化发展格局，目前，新舟 60、新舟 600 飞机已交付运营 78 架，获得订单 210 架。运营在亚洲、非洲、拉丁美洲的上百条航线上的新舟 60 飞机，凭借其良好的经济性、安全性、机场适应性和良好的飞行品质获得了客户的普遍赞誉，塑造了中国民用客机的良好形象。

（四）世界航空技术的发展特点和发展趋势

2012—2013 年，干线民用飞机两强稳步推进，空客 A350、A320NEO、波音

737MAX 等项目进展良好。后来者寻求突破，中国的 C919、俄罗斯的 MS-21、加拿大的 C 系列都在紧张研发之中。军用飞机领域，美国依然是按部就班、推陈出新，F-35 列装，验证项目持续不断，下一代轰炸机、战斗机计划渐次浮出；中国军用航空井喷发展，两型五代机、舰载机、大型运输机相继首飞，中国跨入了航空大国团队；俄罗斯 T-50 进展良好，下一代轰炸机项目稳步推进。无人机领域百花齐放，世界有无人机项目的国家达到了 70 个之多，美国、以色列、欧盟领先，世界航空工业表现出以下主要发展特点和重要趋势。

1. 军用飞行器无人化隐身化时代已经到来，未来战争模式将改变

美国的 F-117、B-2、F-35、F-22 展示了无与伦比的隐身性能，正在试飞的舰载无人机 X-47 预示着未来无人机的光明前景，21 世纪将成为无人机发展的“黄金时期”，无人侦察机正被大量使用，具有较强对地攻击能力的无人作战飞机纷纷试飞，无人运输机也被提上日程。美军的无人机数量占到军机总数的 31%，无人机已经开始从“侦察 / 对地攻击型”向“纯粹作战型”发展。无人机在未来将更加广泛甚至完全取代有人驾驶作战飞机，成为 21 世纪的“战场主角”，既执行各种非杀伤性任务，又执行各种软、硬杀伤任务，包括战场侦察、监视、巡逻、电子侦察、探雷、防核生化探测、通信、电子干扰、战斗评估、雷达诱骗、炮火校射、激光制导、目标指示、反装甲、反辐射和反舰艇等。无人机向作战化、隐身化、高度智能化发展，集侦察、情报传输和火力打击于一身的无人机即将成为信息化战场的“新宠”，军用飞行器无人化隐身化时代已经到来，现有航空装备体系模式将会改变，未来的战争模式将彻底改变，利用无人隐身机在不对称作战中创造“零伤亡”将成为现实。

2. 民用干线飞机仍是两强逞霸，但突破的曙光已经显现

民用干线飞机领域仍是两强逞霸，2012 年，波音公司销售 1203 架，交付 601 架；空客销售 833 架，交付 580 架；俄罗斯在大型民机领域的份额较小（据俄罗斯官网，俄罗斯在世界民机制造市场份额约为 0.11%）。目前，亚音速常规布局已趋成熟，其技术发展方向就是以提高安全性、经济性、维护性、环保性，降低直接运营成本，使旅客更舒适地旅行为目标，飞机总体布局不断精细化、空气动力技术稳步推进、经济性持续提高、更加重视安全与环保、机载设备推陈出新、动力装置更新换代。

常规布局的增长潜力和收益已经不能满足未来高效快捷运输的需要，新型亚音速布局和超音速布局成为各国研究的重点。美国、俄罗斯、法国和其他一些国家均有新概念布局研究项目，对翼身融合布局（BWB 或 HWB 等）、超大展弦比层流翼布局等方面开展了广泛探索。超音速运输机的近期发展重点是借助于超音速公务机的市场需求，逐步完成超音速运输机高效飞行和低噪声等设计技术的突破。

未来新型亚音速布局和超音速布局的格局取决于技术突破的进展，谁先在新型布局和超音速布局上获得突破，谁就能赢得先机，就可能在未来大型民机领域占有一席之地。

3. 动力装置成为制约中国走向航空强国的最大瓶颈

发动机真正成为我国飞行器发展的瓶颈，历经几十年的发展，我国的发动机已经具备了较强的设计能力，但在军民用大推力发动机方面始终未能突破，已经严重制约我国航空技术的发展。

4. 未来航空技术的发展方向仍在探索之中

军用方面，探索的方向仍在无人作战飞机及下一代战斗机即六代机的技术特征方面（全向隐身技术、全域高速机动能力、全向战场态势感知和网络支持能力、挂载全新概念武器等），另外还有高超音速飞行领域；民用方面，亚音速新概念飞行器和超音速飞行器仍在探索之中。各国都制订了众多的计划，各项研究计划都在稳步推进之中。

（五）国内外比较分析

近几年，我国在航空科技尤其是军用飞机方面取得了长足的进步，两型五代机歼 -20 和歼 -31 相继首飞，大型运输机首飞，歼 -15 舰载机列装，这些都极大地振奋了国人，提高了民族凝聚力。与世界发达国家相比，我国在军用飞机方面差距在缩小，主要差距存在于动力装置、技术基础和航空材料等方面。民用飞机尤其是干线飞机方面差距较大，不仅没有大型民用飞机所需的大涵道比涡轮风扇发动机，也没有经过适航认证的机载系统设备和体系化的材料。

1. 军用飞机

军用飞机方面，美国已形成了配套完善、良性发展的军用飞机体系，主战飞机 F-22 和 F-35 高低搭配，远程轰炸机 B-2A/B-1B/B-52H、战斗轰炸机 F-15E 和攻击机 A-10 协调作战，战场支援类飞机从提供信息支援为主的特种飞机如预警指挥机 E-3/E-2、电子战飞机 EA-18G/EC-130H、对地监视与指挥机 E-8、侦察机 EP-3E/RC-135/U-2S、海上反潜巡逻机 P-8A 等，到提供后勤保障、战略支援的军用运输机 C-17/C-5/C-130、加油机 KC-10/KC-135/KC-130/KC-45，以及提供飞行员训练为主的教练机 T-6/T-38C/T-45C 等。欧盟、俄罗斯也基本形成了完善的军用飞机体系。

尽管与美国、欧洲、俄罗斯的航空技术仍有一定差距，我国已基本掌握了先进隐身战斗机、大型运输机、大型预警机、多用途舰载机的总体设计技术，且这种技术、方法和流程等已经基本完善且成熟，体系化的军用飞机设计技术已渐趋形成，目前欠缺的是机种种类不全、机型老旧、数量较少，未来我国还需要在新型远程轰炸机、大型加油机、中型运输机、弹射型舰载战斗机 / 运输机 / 加油机 / 预警机 / 无人机和大型陆基无人机总体设计技术方面进行努力。

2. 民用飞机

目前，世界上只有美国、欧盟和俄罗斯全面掌握了大型民机的研制技术，大型民机是科学与技术发展的集中体现，历经数代发展，机型也趋于固化，单通道领域以 100–200 座的 B737 系列和 A320 系列为代表，宽体双发领域以 200–300 座的 B787 为代表，远程领域有双发的 B777、A350 和四发的 B747、A380 飞机。先进大型民机的技术发展方向，就是以提高安全性、经济性、维护性、环保性，降低直接运行成本 DOC，使旅客更舒适地旅行为追求目标，飞机总体布局不断精细化、空气动力技术稳步推进、经济性持续提高、更加重视安全与环保、机载设备推陈出新、动力装置更新换代。非常规布局和超音速布局的研究力度越来越大，也提示了未来可能的突破方向。

我国大型民机的发展经历了漫长的艰难、挫折和失误，随着 ARJ21 飞机的即将交付、大型运输机的成功首飞，中国已经具备了研制大型民用运输机的能力。凭借着 ARJ21 飞机获得的民用支线飞机的总体设计技术、方法和流程，我国正在研发单通道的 C919 飞机，目前已经进入详细设计阶段。中航工业也启动了 MA700 先进涡轮螺桨飞机的研制，借此走上系列化良性发展的道路，同时谋求在涡轮螺桨飞机上的霸主地位。

尽管如此，我国的民机水平仍处于起步阶段，尚不具备波音空客那样成熟的总体设计能力，主要差距在于民机产业规模小，技术相对薄弱，大型民用飞机还没有走完一个真正意义上的先进民机研制全过程，与世界先进水平还有较大差距。

3. 无人机

近年来，无人机热遍全球，世界各国普遍重视无人机，位居前列的是美国、以色列、欧盟等，美军的无人机数量占到军机总数的 31%，北约联合武装部队中装备的无人机数量达 6 万架以上，无人机已经不再是简单的侦察平台，而向着系统化、一体化方向高速发展。无人机专用小型精确制导弹药也已诞生，无人机可以携带制导武器（炸弹、导弹）、目标指示和火力校射装置，RQ–1 “掠夺者” 无人机在阿富汗战场进行了首次无人机实战中的导弹发射，开创了无人机作战的先河，2011 年 10 月，美国国防部第 7 次发布新版无人机系统综合路线图，对原有成熟的无人机实施升级改造，同时加大新型无人机的研发，促使像 X–47B、X–45C 等这样的无人作战飞机尽快进入实用阶段，并加快高超声速无人机的验证，突破关键技术。以色列研制并投入使用的 “哈比”、“苍鹭” 等无人机在低速、中小型战术无人机和长航时无人机方面具有特色和优势。俄罗斯、欧洲、亚洲、非洲等国家和地区也都根据自身的需要制订无人机发展线路图，推动无人机的发展。最著名的无人机有 “捕食者”“死神”“全球鹰”“影子 –200” 等。

随着科技水平和认知水平的提高，我国无人机蓬勃发展、进步显著，初步形成了多用途、多型号的较为完备的系列，而且性能指标不断提升。比较著名的有成飞的天翼、翔龙，沈飞的暗剑；贵航的鹞鹰无人侦察机、哈飞的 BZK–005 高空大航程无人机等。另外，西北工业大学等航空院校也有一些中小型无人机，航天研究院也在开展无人机系列研发工作。我国无人机存在的主要问题是中小型无人机数量品种较多、大型无人战斗机预研及型号较少，距世界先进水平仍有较大差距。

4. 关键技术

我国在航空技术方面的某些关键技术急需突破，一是动力装置，我国的航空发动机从无到有、从小到大经历了几十年的发展，但军民用大涵道比涡扇发动机始终没能突破。因此，研制大涵道比涡扇发动机，突破大推力军民用动力装置技术，消除我国军民用飞机发展的瓶颈是当前的最大任务；二是层流控制技术，一旦突破，就可大幅度减少阻力，从而大幅度提高未来飞机的经济性；三是轻重量结构技术，复合材料等长寿命轻质结构不仅减轻了机体结构重量，降低了生产成本，降低了燃油消耗，提高了飞机性能。同时长寿命轻质结构和整体结构件的大量应用也改变了飞机的维护模式，使飞机的维护成本大幅度下降。因此急需突破高性能复合材料结构的设计、制造技术及新型先进材料技术、飞机结构健康监测技术等，缩短航空技术差距；四是硬式空中加油技术和无人机空中加油技术，这对未来的远程作战具有明显的作用；五是高超音速技术，速度永远是战场致胜技术之一，当隐身技术发展到一定程度时，速度将成为取胜的关键；六是技术基础方面，国内的风洞体系不完善，且生产型风洞多为暂冲式，低速风洞的湍流度和噪声水平较高，流场品质较差，无法在这些风洞进行精细的试验研究，这几年建设了低速大型风洞，但仍不能满足飞机研发需要，急需完善相关风洞设施。

三、展望与对策

航空工业是综合性战略产业，是关系到国防安全和国家经济命脉的高技术领域，是国外对我们实施技术封锁的重要方面，从军用飞机、军用航空发动机、大推力民用发动机，到小小的高速轴承、计算机芯片，都是美国和西方国家的禁售对象。航空产业发展很难，一是难在外围环境，技术封锁和垄断是西方国家对我国的一贯政策，不管世界格局如何改变，几十年来一直如此；二是难在技术差距，适航标准体现了航空技术上的差距，而且，适航标准有愈来愈严格的趋势，对后进者而言，除非进步变成突破，否则可能永远也无法进入这一领域；三是难在知识产权保护，一旦西方国家在某项技术上获得专利，我们就是突破也会面临知识产权纠纷；四是难在高风险、投入巨大，动辄百亿千亿元的投入，这不是任何一个企业能够承担得起的，而且，项目还有可能面临失败的风险；五是难在周期长，一个项目短则 5 ~ 10 年，长则 10 ~ 20 年，期间的国家政策变化、投资变化、人员变化都可能影响到项目进展与成败；六是难在技术全面，从空气动力学、结构力学、材料、控制、导航、电力、电子、计算机等无一不涵盖，从设计、制造到试验、试飞无一不包括，任何一方面技术基础薄弱，都可能影响到项目的进展。

有了国家数十年的持续投入与航空科技人员的不懈努力，才有了近几年我国在军用航空方面取得的令人瞩目的成就，也缩小了我国航空技术与世界先进水平的技术差距。

目前，我国在军用飞机、民用飞机和动力装置方面距离世界先进水平仍有较大差距，仍处在夯实基础、提升技术、缩小差距阶段，因此，除了国家持之以恒的长期投入与稳定的政策支持外，一是要下大力气突破动力装置技术，突破我国航空技术发展的最大瓶颈；二是军用航空以总体突破带动系统发展，建立起良性发展的军用飞行器体系，同时重视实验与关键技术验证，在创新研究上下功夫，以获得技术突破的源泉；三是民用航空，以适航为导向，从飞机总体设计、机载设备和材料体系方面着手，争取在短期内获得一批适航认证的设备、材料体系，切实提高民用航空技术，夯实民用航空发展的基础；四是重视无人战斗机的发展，迎接无人隐身时代的到来。

（一）全力以赴突破动力装置技术

目前世界上军用和民用航空发动机市场基本被通用、罗罗、普惠等几家国际巨头垄断。在整个飞机制造过程中，航空发动机投入最大、研制周期最长、技术难度最高，是影响整个飞机性能和可靠性的关键所在。长期以来，我国的飞机制造业受到发动机自主研发能力不足的困扰，航空发动机已经成为制约我国军、民用飞机发展的最大瓶颈。2012 年 7 月的《“十二五”国家战略性新兴产业发展规划》中，将航空装备产业列为高端装备制造产业中的第一个项目，明确提出要突破航空发动机核心关键技术，加快推进航空发动机产业化。中航工业于 2012 年公布了国产航空发动机追赶世界先进水平的“三步走”战略：最终目标是确保和发达国家“并驾齐驱”，而近期目标是到 2015 年左右达到西方先进国家 20 世纪 80 年代的水平。

突破航空动力装置技术，掌握军民用飞机研制的主动权，建立独立、完整和强大的飞机产业，对我国的军民用飞机均有不可估量的作用。

（二）军用航空以总体突破带动系统发展

我国的军用航空已逐渐从填补空白阶段进入到持续发展阶段，和美欧、俄罗斯不同，我国的军用飞机始终没有经历过大批量实践考验，因此，我国军用航空面临的主要问题是如何在小批量前提下，全面提升航空技术水平、缩小技术差距，建立起飞机研制、生产、使用的逐代式可持续发展的军用飞机良性发展体系。根据军用飞机性能优先的技术特征，首先要建立起综合性能较好的飞机平台，并通过持续的系统升级和更新换代，带动关键系统、设备和材料的全面进步，提升航空技术基础，反过来促进飞机平台的技术升级和更新换代式发展。

其次，适时开展先进飞行验证计划，美国在航空航天领域长期处于世界领先的地位，不断抢占航空科技“制高点”，其原因就在于众多的飞行验证计划，这些验证计划一是持续时间长，从提出到验证一般都是持续进行数十年；二是环境真实，实际的飞行验证打破了风洞、模拟器和计算机的理想环境，获得的是真实环境下飞行器的实际状态；三是以此为牵引，飞行器的设计、制造、飞行试验为一体，并牵引导航、控制、机载设备技术同步发展。因此，以关键技术验证项目为牵引，通过真实环境下的关键技术验证计划，突破并掌握实用及关键技术，争取技术领先。

（三）民用航空以适航为导向缩小技术差距

自2008年首飞以来，ARJ21项目已完成了大部分的适航试飞任务，预计2014年可能取得适航证并交付。C919项目详细设计也已完成，即将进入试制。尽管我国已经具备干线飞机产品的设计能力，但我国的大型民用飞机之路仍是任重而道远。纵观世界民机发展之路，以及波音和空客长期积累起来的市场信誉和综合优势，民机发展和突破非常之难，难在技术复杂、技术优势、竞争惨烈、市场无情。庞巴迪作为支线飞机领域的翘楚，也早就梦寐以求进入干线飞机领域，至今仍在外围做努力；俄罗斯图204飞机二十多年来，先后生产了20多个型别，总销量仅百余架；我国的新舟–60、新舟–600已经取得适航证，销售量仍难取得突破。我国的民用飞机尚处在量变积累阶段，因此，目前要做的，第一，是持之以恒提高技术、积累经验；第二，充分利用现有飞机平台，优选部分技术基础较好的关键系统和设备、材料，加大投入，争取在较短时间内，突破这些关键系统和设备、材料，获得适航认证，使这部分关键系统和设备、材料率先进入良性循环的状态。在此基础上，再努力突破其他的系统设备和材料，建立经过适航认证的系统设备和民机材料体系，实实在在缩小与先进民机的技术差距；第三，专注突破发动机技术，打破航空发展瓶颈。第四，提早开展民机新型亚音速布局和超音速新技术预研，为未来取得民机技术优势打下基础。

（四）迎接无人和隐身时代的到来

未来的天空是无人的天空，未来的天空是隐形的天空，从无人侦察飞机到无人隐身作战飞机，无人隐身的“冷兵器”时代正以装备精良、适应性强、作战效能最大的空中力量快速向我们走来。

面对重新到来的世界无人机热，面对未来的隐形天空，抓住机遇、瞄准高端、争取主动，第一，瞄准装备体系化发展，及时布局信息获取类如无人侦察机、信息控制指挥类如无人预警指挥飞机、空中打击类如远中近程无人作战飞机、后勤支援如无人加油飞机等；第二，瞄准无人机发展的关键技术，如高空高速、隐身、长航时、大航程、垂直起降、空中加油等；第三，瞄准经济低成本可重复使用无人机技术，经济耐用永远是发展方向，致力于发展低成本可重复使用的无人打击系统；第四，瞄准民用无人机系统，和有人机一样，民用无人机系统的市场及用途远比军用飞机市场大、用途更为广泛，及时布局民用通用无人机、特种无人机的发展，开展使用方向研究和无人机研究，对未来占领民用无人机市场大有裨益。

四、结束语

我国军民用飞机技术相对薄弱，仍处在提升技术、缩小差距阶段，大型民用飞机甚至还没有走完一个真正意义上的先进民机研制全过程，与世界先进水平还有较大差距，因此，军机方面，我国不仅需要继续夯实基础，也需要建立起关键技术验证计划，走出独立探索未知世界的技术路线，同时重视近地空间跨域飞行的高超音速飞行器和超燃冲压发动机发展；民机方面，需要在亚音速常规布局方面充分利用现有技术平台成熟相关技术，同时突破高效气动力技术、复合材料技术、动力装置技术。并且需要提前布局下一代新概念民机的探索研究，力争获得突破，这样才可能在未来的大型民机竞争中占得先机，在未来的民机制造业中占有一席之地。

参 考 文 献

[1] 党举红，郭兆电．我国大型民机总体技术突破方向研究［J］．航空制造技术，2013（4）．

[2] 张正国．NASA 未来先进民用飞机与推进系统设计［J］．国际航空，2012（2）．

[3] 师成梅，张生贵．大型客机外部噪声预计软件系统及其应用［J］．振动工程学报，2008（9）．

[4] Jeremiah Gertler. F-35 Joint Strike Fighter（JSF）Program.www.crs.gov［R］．2012（2）．

[5] 刘大响等．大型飞机发动机的发展现状和关键技术分析［R］．中国航空学会，2007.

[6] 任晓华．航空制造技术发展趋势［J］．航空科学技术，2010（3）．

[7] 蔺国民，孙秦，李艳华，等．隐身飞机综述［J］．航空制造技术，2005（9）．

[8] 郑利，牛文，陈少春．从 2012 年范堡罗航展看世界无人机发展动态［J］．飞航导弹，2012（8）．

[9] 刘重阳．国外无人机技术的发展［J］．舰船电子工程，2010（1）．

[10] 王飞，孔翔兰，陈文飞．《2009—2047 美国无人机系统飞行计划》解读［J］．中国高新技术企业，2011(9).

[11] Ilan Kroo, Innovations in Aeronautics 2004 AIAA Dryden Lecture［R］．AIAA-2004-0001.

[12] 王明涛．亚洲军用无人机发展新动向［J］．现代军事，2008（7）．

[13] Frank Gern，Andy Ko，Bernard Grossman，Transport Weight Reduction through MDO：The Strut-Braced Wing Transonic Transport［R］．AIAA-2005-4667.

[14] 谭智实．美用碳纳米管“装订”航空材料，使飞机外壳强度提高 10 倍［J］．功能材料．2009(3)．

[15] 中国航空报、NASA 网站、AIAA 网站、飞行国际网站、航空周刊网站、俄罗斯官网、波音官网、空客官网、洛克希德官网、格鲁门官网等．

撰稿人：党举红

空气动力学学科发展研究

一、引言

空气动力学作为飞行器设计中的先行主导专业在飞行器发展过程中起到了巨大的推动作用，为促进飞行器飞行性能的提高提供了重要的技术基础。近年来，随着世界范围内航空航天工业的快速发展，空气动力学这一门古老的学科又焕发出了新的青春，为促进各类先进飞行器的发展奠定了坚实的基础。我国的空气动力学也在基础理论、实验研究和计算流体力学等领域取得了长足的进步，为促进我国国防工业的跨越式发展起到了不可磨灭的作用。

二、发展现状和研究进展

（一）基础理论研究

1. 飞行器大攻角空气动力学及旋涡分流研究

北京航空航天大学教育部流体力学重点实验室首先对细长旋成体大攻角绕流的雷诺数效应进行了深入研究，并根据细长旋成体大攻角绕流左右两侧边界层状态随雷诺数的演化特性将雷诺数区域划分为亚临界，临界起始发展区，临界区，超临界区和过临界区。在一定意义上证明：细长旋成体大攻角非对称涡流动的雷诺数效应主要是通过影响物面边界层的类型和相应的分离类型来影响非对称涡的流型演化，揭示了不同雷诺数区域中的非对称涡对扰动 / 响应、演化特性及其机理。其次，对具有细长前体的小后掠翼身组合体在大攻角下出现的机翼摇滚现象进行了较为深入的研究，发现具有细长前体的小后掠翼身组合体在大攻角下出现的前体非对称涡流动会通过诱导位于其后的小后掠机翼的流动而引起机翼摇滚；并且证实了在模型运动状态下，头尖部人工微扰动仍然对大攻角非对称涡流动起到主控作用，进而主控由非对称涡流动诱发的机翼摇滚；发现了由机头非对称涡流动诱发的三类典型的机翼自由摇滚形态，即单极限环摇滚、双极限环摇滚和微振；并在动态运行及其参数对头部扰动与非对称涡响应关系研究的基础上，揭示了机头非对称涡诱发机翼摇滚的流动机理。以此为基础，提出了通过旋转头尖部人工扰动对非对称涡实施控制从而达到抑制机翼自由摇滚的新概念和技术，并通过实验证明该技术不仅在机头涡主控流动的雷诺数范围内均是有效的，而且对静、动态条件下的机翼摇滚的抑制均是有效的，从而证明了该技术的可行性，为飞机型号研制提供了重要的技术方案。

西北工业大学以细长体为对象，首先发展以脱体涡数值模拟（DES）方法为主的、适合大攻角非定常运动下流场分析的数值模拟方法；通过数值模拟手段，研究细长体自身运动对大攻角下非对称涡脱落流动的作用机理；分析细长体运动对侧向力、偏航、滚转力矩的影响规律，为实现导弹的亚音速大攻角机动飞行奠定相关的空气动力学理论基础。此外还深入研究了飞机前体横截面弧形几何形状对脱体涡稳定性的影响特性；脱体涡平衡位置及涡强度分布随侧翼伸缩及攻角增减的变化规律；在侧翼向两侧对称伸缩过程中脱体涡的动态稳定性分析；在侧翼向两侧非对称伸缩产生的非对称脱体涡稳定性分析以及脱体涡稳定性对飞机气动性能的影响。

2. 非线性空气动力学及气动弹性研究

西北工业大学通过理论分析、数值模拟和风洞实验方法，研究了机翼结构变形和振动对翼型和机翼绕流的影响，发现了翼型振动激发失速提前、翼型绕流大攻角多平衡态等现象，解释了长期困扰空气动力学的基础问题：为什么风洞实验中气动力数据的分散性在小攻角不明显、而在大攻角情况下明显？为什么在实际航空飞行器设计过程中 CFD 计算结果与风洞实验数据在小攻角容易吻合而在大攻角往往难以吻合？

中国科学院力学研究所发展了基于混合网格的并行 Navier-Stokes 流场计算方法，开发了基于分区并行、染色分层通信的混合网格非定常流场求解器，保证了并行计算的负载平衡和各分区的正常通信；发展了基于背景网格变形的动网格方法，该方法采用弹簧网络法对背景网格进行变形，计算网格点的变形通过背景网格体积加权逐点插值完成，该方法适合于任意网格拓扑的计算网格变形，因插值系数可以事先计算，而背景网格仅用于网格变形，可以采用比较稀疏的网格，从而大大提高了网格变形效率；发展了基于径向基函数的三维结构变形插值方法，用于结构变形到物面网格的插值，同时基于流体和结构两个系统能量守恒定律，采用虚功原理完成气动力到结构点的插值，解决了气动弹性计算过程中将结构变形插值到计算物面网格，物面网格的气动力转换到结构网格的难题；在此基础上，建立了 CFD/CSD 耦合的飞行器静 / 动气动弹性分析平台。针对动气动弹性，完成了数个军用飞机型号部件和全机的跨声速颤振分析；针对静气动弹性，完成了大飞机 C919 机翼型架外形修正设计。大大提高了我国计算气动弹性的研究水平。

3. 流动控制技术研究

西北工业大学在超机动新概念气动布局及其流动控制研究方面取得了重要进展。该气动布局方案的要点是包含可操纵侧翼的飞机前体，可操纵分离涡控制板的飞机主翼以及可沿纵向伸缩套筒的后体。在飞机进行常规飞行时，上述气动布局方案中飞机前体侧翼完全向内侧收缩，机翼分离涡控制板完全闭合，飞机前体、机翼上翼面和后体还原到常规几何外形，可以使得飞机同时具有良好的常规飞行的气动性能。通过调整后体套筒伸缩位置达到最小后体阻力可以提高飞行的升阻比。

此外，还开展了等离子体激励、合成射流、涡流发生器等电、磁、机械控制技术。发展了利用单电极介质阻挡放电等离子体，对圆锥前体流动进行了主动控制风洞实验研究。结果证明，在 35° ~ 65° 攻角范围内，圆锥流场处于定常、非对称流场形态下，可以通过等离子体开 / 关控制实现对圆锥截面周向压力分布的转换；通过占空循环调制，可以实现对圆锥前体上横向力 / 力矩的近似比例控制，并且输入功率只有 20 瓦左右。

在复杂几何约束条件下抽气控制激波非定常干涉机理研究方面也取得了重要进展。通过建立抽气与激波相干模型，结合谐波理论的非定常数值模拟方法，发展一种可以快速预测抽吸控制激波从而控制附面层、优化流动品质的新方法。研究中采用理论分析和试验相结合的方式捕捉抽气流、激波和附面层三者相互影响过程和干扰效应，研究不同来流条件、不同抽气方案对复杂几何约束条件下激波特性、流场细微结构变化和气动参数的影响，探讨通过抽吸控制激波从而改善流动的附面层的主动控制新思路。通过与实验结果对比检验抽气模型适用性及抽气流干扰效应，建立抽吸参数与叶栅性能的有效关联，为从理论和实验上揭示抽气流、激波和分离流干扰的复杂过程机理提供科学依据。

（二）试验技术研究

1. 气动噪声风洞试验及测量技术

中国航天空气动力技术研究院自 2009 年对该项技术进行技术攻关，开展阵列优化设计以及阵列算法等关键技术研究，通过某运输机模型的原理验证性试验，验证了技术可行性。并在 FD-09 风洞成功完成了民用客机高升力装置气动噪声试验研究，针对中国商飞 SCCH 模型着陆状态构型，准确捕捉到增升装置缝翼与襟翼的噪声源分布和频率特性，验证了降噪措施的降噪效果。麦克风相阵列测量技术的攻克填补了国内空白，有力地推动了民用客机机体噪声的研究。此外，中航工业空气动力研究院也掌握了传声器阵列设计方法，成功设计了两套传声器阵列，掌握了基于 BeamForming 方法的传声器阵列噪声源定位技术以及剪切层修正技术，具备开 / 闭口风洞气动噪声测量能力；计算方面，掌握了基于 FW-H 方程的混合计算方法以及基于 LEE 的气动噪声数值计算方法，具备简单问题的气动噪声计算能力；工程预估方法，掌握了基于声类比理论的螺旋桨噪声及机体噪声预估方法，具备螺旋桨飞机气动噪声工程预估能力。

2. 飞机 / 发动机防除冰技术

中航工业空气动力研究院自主研发了二维结冰计算程序 ICECODE，针对该程序进行了大量的算例验证，确定其具备了较为准确的二维和准三维结冰计算能力。气动院基于该程序先后承担 ARJ21-700 飞机结冰计算研究、C919 飞机结冰探测器安装位置分析、某无人机结冰计算等项目研究工作，开发出了一套实用的敏感性分析与临界冰形计算方法，同时具备了结冰探测器安装位置分析，防除冰系统工程估算与初步设计的能力。

3. 风洞试验和飞行试验数据相关性分析技术

中航工业空气动力研究院以具有飞行试验数据的某典型航线飞机为研究对象（对象飞机），利用国内不断发展、完善的风洞试验设施，包括 FL-2 高速风洞、FL-8 低速风洞、FL-9 低速增压风洞，同时参考国外先进风洞的数据，从多方面改进试验技术，并改善试验数据的修正方法。开展了风洞试验数据修正方法研究，并对风洞试验数据进行修正。以对象飞机为例，初步建立起从风洞试验数据到飞行数据的修正方法。将该风洞试验技术和修正方法相结合，可以较好地确定新研民机型号飞行状态下主要的纵向气动力数据。

4. 动力模拟试验技术

中航工业空气动力研究院在 FL-8 风动中，应用 1500 型 TPS 成功进行了 M3 飞机和涡扇高级教练机半模进排气模拟技术研究，目前 TPS 半模试验技术已经应用于民机型号试验中。具体的进展和提高内容包括：TPS 短舱修形设计技术、标准参考喷管试验技术、TPS 短舱校准技术、TPS 半模风洞试验技术等。通过“TPS 国产化研制”研究项目，成功研制了第一台国产 TPS，经过性能测试，其技术指标达到了国外同类产品水平。并且成功研制了 TPS 控制系统，控制精度达到国外产品的技术水平。

5. 风洞虚拟飞行动态试验技术

北京航空航天大学在已有集快速拉起、自由摇滚 / 强迫摇滚多功能动态试验装置及其试验技术的基础上，新开发了模拟飞行器 Herbst 机动的动态试验装置（图 1），该实验装

图 1　Herbst 机动动态模拟试验装置

置主要由快速拉起子系统、圆锥运动子系统、摇滚运动子系统组成。其主要指标有：

1）模拟飞行器的单独快速拉起运动，最大拉起速度可达 75deg/s，拉起迎角范围 0°～90°，同时包括静态变攻角功能；

2）模拟飞行器的圆锥运动，最大圆锥运动速度达到 600 r/min，其中，模型俯仰角可调范围 20°～80°，可调间隔 2.5°；

3）可实现飞行器的自由摇滚运动，并能够实时记录摇滚时间历程；

4）利用电机驱动复现自由摇滚历程的强迫摇滚运动，最大强迫摇滚频率 3～5Hz，摇滚角 60° 左右。

5）根据实验研究需求，可单独开展快速拉起运动、圆锥运动、强迫摇滚运动或者以此为基础组合实现更多运动形态。

6）以上除自由摇滚运动外，任何形式的运动历程中均可开展表面静 / 动态测压、天平测力以及 PIV 流场测量的同步实验。

6. FD-09 风洞张线天平试验技术

FD-09 低速风洞是中国航天空气动力技术研究院 3m 量级低速生产性风洞，主要承担航空航天以及低速民用风工程方面的研究试验工作，在试验技术方面有自己的特点及优势，除了进行飞机、导弹类模型的常规测力测压试验外，近两年还增加了进气道试验系统、推力矢量试验系统、旋转天平试验系统以及综合动态试验装置，这些装置目前都已进行了调试试验或承担了型号试验，特别是我室研制开发的张线天平试验系统，近两年有较大进展，目前已承担部分型号的试验工作，取得了良好的效果。

张线天平系统是 2004 年通过智力引进项目结合本单位技术优势研制的风洞专用外式天平，具有独特的支撑结构，特别适合外形复杂的飞行器、大展弦比飞机、收缩尾部飞行器等模型的风洞试验。该系统经过多年的研制及调试，进行了 DBM-1 标模、DBM-2 标模、YF-16 标模等多期的风洞调试试验，各项指标均已达到国军标要求（见表 1），目前已经投入部分型号试验使用；FD-09 低速风洞张线天平是国内建成的第一台外式张线天平系统，他的成功使用是我国在低速风洞试验技术领域又有了一种新的支撑方式，对低速风洞常规测力试验的技术发展有一定的促进作用。

表 1　张线天平技术参数

分 量 名	X	Y	Z	M_x	M_y	M_z
最大载荷	1300 N	4400 N	800N	450 N · m	300 N · m	1800 N · m
校正精度（%）	0.3	0.2	0.5	0.5	0.5	0.3

FD-09 风洞的外式张线支撑是用张线将模型悬挂在风洞试验段内，通过张线将作用在模型上的气动力传到位于试验段外的力的分解、传递及测量机构。该支撑形式的优点是支

撑干扰小，天平的测量精度高，模型设计及加工方便，通用性强，采用其他支撑方式制造的模型只要稍加改造就能使用。

FD-09 风洞张线天平（图 2）静校数据表明天平具有较高的静校精度；DBM-1 模型的风洞试验数据表明，天平具有较好的重复性。天平校正后，通过对 DBM-1 标模的试验可以得到其纵横向测力试验精度基本都符合国军标的先进指标。风洞试验数据处理进行了净张线力（无模型时张线系统的气动力）、模型重矩及阻塞修正，模型悬挂接头对模型气动力的影响以及悬挂接头与模型之间的相互干扰未进行修正；在试验过程中还对同一模型的不同支撑方式进行了对比试验，结果表明在完成合理的修正之后，张线天平试验与尾支撑方式试验基本一致，升力系数斜率与标准曲线偏差约 1%，阻力系数基本重合，俯仰力矩系数差异略大，与国内标准曲线比较起来小攻角下斜率基本吻合且有较小的平移量，但与 FD-09 风洞尾支撑试验结果平移差量稍大。

图 2　FD-09 风洞张线天平

7. 空投空降试验技术

根据飞机外形特点和空投空降问题的特殊要求，西北工业大学在国际上首次提出并采用翼梢截短—洞外支撑风洞试验方法，建成国内唯一满足大运空投空降试验要求的风洞试验设备；在国内首次按照动力相似准则完成真实外形跳伞人员模型设计与制作；在国内首次完成多路空降风洞试验。在数值模拟方面，建立了基于 N-S 方程和六自由度动力学方程的空投空降构型空投物及空降人员离机特性的数值模拟方法。完成了包括纵向、横向、动力影响在内的空投空降物动态特性与流场特性数值研究，与风洞试验相结合。

（三）风洞试验设备建设

1. FL-10 大型低速风洞

FL-10 风洞是大型多功能低速回流式风洞。具有闭口和开口两个试验段。试验段尺寸为 8m（宽）×6m（高）×20m（长），未来将扩充 9.5m×9.5m 和 6m×6m 两个试验段。

8m × 6m 闭口试验段最大试验风速 110m/s，最大 Re 数 5.2×10^6。根据规划，该风洞未来将具备下述能力：内式天平腹撑 / 背撑测力测压试验、尾撑测力测压试验、气动噪声试验、TPS 动力模拟与反推力试验、涡轮空气马达螺旋桨动力模拟试验（滑流试验）、进气道试验、飞机尾流测量试验、投放试验、颤振试验、旋翼试验等。

2. FL-51 低速动态风洞

FL-51 风洞（4m 动态风洞）为开 / 闭口单回路连续式低速风洞，试验段尺寸：4.5m（宽）× 3.5m（高）；闭口最大风速为 100m/s，开口最大风速为 85m/s，Re 数 2.98×10^6。该风洞以低速动态试验为主，兼具常规试验能力。该风洞规划能力包括：单支杆腹撑测力测压试验、半弯刀尾撑测力测压试验、飞机起飞、着陆时间历程模拟试验、非定常压力测量、静态大攻角试验、地面效应试验、动导数试验、旋转天平试验、风洞虚拟飞行试验、非定常流场定量测量试验、三自由度大幅运动试验、旋转流场下大幅振荡试验等。

3. 亚高超风洞

亚高超风洞是一座直流下吹式三声速风洞，风洞全长约 105m，试验段尺寸为 1.2m（高）× 1.2m（宽）× 3.8m（长）。设计马赫数范围为 0.3 ~ 4.0，Re 数范围（0.88 ~ 7.65）$\times 10^6$（L=0.12m）。该风洞主要服务对象是高超声速临近空间飞行器。风洞规划能力包括：全机测力、测压试验、半模测力、测压试验、部件 / 铰链力矩试验、外挂物试验、进气道试验、大攻角试验、动导数试验等。

（四）计算流体力学研究

1. 新型并行计算及体系结构与开发技术

中航工业计算所通过对国外先进 CFD 软件开发方法的调研和分析，提出了采用“构件化”和“软件集成”的软件工程思想来开展新一代 CFD 软件开发。利用现有技术基础研究新的开放式 CFD 软件集成和开发框架，实现面向不同 CFD 应用的多种类型 CFD 软件的功能整合和“紧耦合”集成。目前此项研究已获得阶段性进展，并已研究建立了适合新一代 CFD 软件开发的新型体系结构和软件开发模式，以及支持其具体实现的开发方法。

2. 气动数值模拟软件可信度分析

气动数值模拟技术要有效应用于工程实际，就必须对数值模拟采用的工具——数值模拟软件的精度、准度以及适用范围等做出综合评估，以保证数值模拟结果的可靠性、可用性，或者说是结果的可信度。通过近年来的努力，国内在 CFD 软件可信度分析的理论方法、验证和确认数据库建设、支持工具和应用系统以及 CFD 软件可信度专题研讨活动等方面都取得较大进展。尤其在用于 CFD 软件可信度分析的应用支持系统方面基本与国际水平相当，所倡导的一系列理念（如数据集中管理、批量计算作业生成和加载）先后在国外商业软件和项目中得到应用。同时，在数值仿真系统的可信度评估研究方面，也出现了采用层次分析法等科学方法。

（五）工程应用研究

1. 高速远程巡航飞行器研究

中国科学院力学研究所提出了近空间远程快速飞行器的技术方案，该方案以火箭亚燃冲压发动机组合为动力系统的飞行器，助推段采用长征系列火箭二级发动机（2台），巡航采用推进剂用煤油的高亚燃冲压发动机（4台）；气动布局采用与亚燃冲压发动机一体化设计的高升阻比乘波布局，该飞行器有良好的升阻比特性。此外，根据斜激波原理一体化设计思想，提出了远程巡航飞机的技术方案，将亚燃冲压发动机安装在乘波体下表面的中部位置，包括进气道、燃烧室和尾喷管。乘波体前体可以提供高温高压均匀的来流，有利于冲压发动机设计及性能的提高，而涡喷发动机安装在机体中部，与冲压发动机共用进气道和尾喷管。

2. 先进高性能翼型设计

西北工业大学发展了工程实用的高精度气动分析计算方法和软件系统，结合风洞试验技术和多目标优化设计技术，建立旋翼翼型系列气动设计与试验验证体系；重点开发出7%、9%、12%厚度直升机旋翼专用翼型系列，其性能优于OA3系列，接近当前世界先进水平，为我国总体单位背景型号直升机与新构型旋翼飞行器提供自主设计能力。第二，针对快速发展的新能源技术，建立了我国第一个具有自主知识产权的风力机翼型数据库；改变了我国没有针对大型风力机叶片的、自主知识产权翼型族的状况，为发展针对我国不同风资源特点的更多翼型族打下了基础；提升了我国在大型风力机叶片设计方面的自主创新能力，推动了超越国外现有翼型族目标的实现进程，为我国风电行业的长期快速平稳的发展做出了贡献。第三，结合国家大型飞机工程，开展了超临界翼型的设计方法和应用研究，分别开发出基于无激波设计目标和以弱激波控制为主要特点的翼型设计思路。使C919超临界翼型机翼达到了减阻3%的效果，超过了A320和B737。此外，面对快速发展的临界空间飞行器，研究了20km高空螺旋桨系统研制所涉及的效率提高、宽工况适应性、高空螺旋桨实际效率测试等基础性问题。目前已在提高效率、大跨高度/宽风速适应性、兼顾重量/寿命/大气环境要求等高空高效螺旋桨关键技术领域取得了重要进展。

3. 大型客机空气动力学设计技术

大型客机气动设计是极具挑战性的任务，中国商飞公司结合国内的实际情况，充分利用国内外的技术力量，通过集智攻关和联合设计团队的不懈努力，取得了满意的设计结果，计算和风洞试验都表明达到预期要求。

通过大型客机研制这一具体的工程过程，气动设计团队在CFD技术应用、放宽静稳定性先进布局设计、先进超临界机翼设计、高效增升装置及其流动控制技术等方面取得了重大突破和进展，为型号研制的顺利进行提供了保障，也为以后国内民用飞机的气动设计工作打下了扎实的基础。

（六）社会服务及创新

1. 新型飞行器“旋转机翼气动力及飞行器设计”

2011年获中航工业杯首届国际无人机大奖赛创意类特等奖。它拥有一副既可高速旋转作旋翼，又可以锁定作为固定翼的旋转机翼作为其主机翼。主机翼采用了前后缘对称的钝后缘翼型，保证其既可以旋转作为旋翼又可定位锁定为固定翼机翼。为此，要求翼型、旋转机翼设计必须同时考虑兼顾旋翼与固定翼两种飞行模式性能要求。当飞机垂直起降或低速悬停时，旋转机翼高速旋转，可以具有总距和周期变距控制功能，使得飞机可以像直升机一样飞行。当飞机达到一定飞行速度时，主机翼卸载并快速定位锁定，在此过程中，飞机由前后的鸭、尾翼提供升力。当旋转机翼锁定后，飞机以三翼面固定翼方式飞行，使用位于鸭翼和尾翼后缘的气动舵面进行飞行控制。

2. 扑翼微型飞机研制

2011年获中航工业杯首届国际无人机大奖赛创意类一等奖。“信鸽”无人机是一种模仿鸟类飞行的新型飞行器，特点是仅通过翼的扑动就将举升、推进和悬停功能于一体，由于其较高的气动效率和独特的仿生外形，可以用于执行特殊的侦查、探测等任务。“信鸽”无人机通过开展多自由度复杂扑动原理与控制方式、多段翼面的组合扑动原理和扑动/滑翔综合控制等技术的探索研究，解决了提高扑翼扑动效率以延长飞行时间的根本难题；通过开展柔性翼布局设计，摸索总结了柔性扑翼扑动过程中的非定常气动力、惯性力与弹性力的更准确的耦合表征关系；并通过柔性翼自适应变形进一步提高了飞行器的抗风能力。

3. 自动着舰无人机

2011年获中航工业杯首届国际无人机大奖赛竞技类一等奖。“大力士”飞机是西北工业大学航空学院联合国防科技大学设计完成的短距离起降无人机，翼展3.8m，机翼面积1.8m^2，起飞重量为20kg，翼载为11100g/cm^2。该无人机的特点是：气动设计中运用叶栅导流技术大幅度提高了飞机的升力，以满足舰载机短距起降的要求，同时，该气动布局还具有良好的大攻角失速控制性能；飞机的上端翼布局设计保证了飞机的横向飞行性能；设计过程中还运用了螺旋桨滑流改善翼根的流场特性。在前期试飞过程中，证明该飞机具备15m以内滑跑升空的能力；可以在低于11m/s的飞行速度下安全降落。飞机航线中设计了低空通场，通场高度低于15m。飞机的正常航线采用GPS导航，为了摆脱飞机对GPS的依赖性并提高飞机着落的定位精度，飞机的着落引导过程采用国防科技大学于起峰院士团队研制的新型光学引导系统，该系统在飞机开始进入降落航线后，对飞机信号进行捕获，获取飞机坐标位置和速度，引导飞机在规定的地点降落，并指导飞机钩住拦阻索。

三、国内外比较分析

（一）基础理论研究

先进飞行器在实现大攻角机动飞行时都是一个动态过程，因此，研究在动态非定常条件下前体非对称涡随扰动的演化特性和相应的扰动主动控制技术具有十分重要的工程实用意义。然而，目前在这一领域的国外研究工作尚未见到有公开发表的论文或资料，而有关静态扰动控制技术的研究由于其技术的复杂程度也未见工程应用前景。

在非线性空气动力学及气动弹性研究，目前飞行器研制中主要采用线性气动力和线性结构耦合方法分析气动弹性的影响，在这一方法中，除了控制面和超大展弦比机翼（如无人机）需要考虑间隙非线性和几何非线性外，结构采用线性假设是可行的，但是当飞行器进行跨声速飞行时，气动力呈现出高度非线性，需要用非线性 Navier-Stokes 方程才能描述。此外，即使对亚声速和超声速流动，非线性 Navier-Stokes 方程也能给出比线性方法更准确的气动力结果。因此，急需发展非线性气动与线性结构耦合的飞行器气动弹性分析方法。

在流动控制领域，通过抽吸控制附面层发展从而改善流动品质是流动主动控制的先进技术之一。但目前关于抽吸流与激波相干机理还缺乏深入认识，限制了这一新技术的应用。此外，等离子体激励、合成射流、涡流发生器等电、磁、机械控制技术在国外已取得了较为成熟的发展，但是国内研究尽管已取得了一些成果，但是总体还处于起步阶段，对于其机理的认识还不够，因此在一定程度上限制了这些技术的工程应用。

（二）试验技术研究

气动噪声水平是衡量民用客机设计是否成功的关键因素之一，国内长期缺乏重视，基础薄弱，机体噪声风洞试验研究由于测试技术和设备的制约难以广泛开展。麦克风相阵列测量技术是 20 世纪 90 年代起欧美发展的气动噪声测量技术，该技术通过使用大量经校准的麦克风阵列来识别声场中的声源。相阵列相当于一个空间选择滤波器，通过波束形成（Beamforming）对声源进行选择性放大。其最大优点是可以通过增加麦克风数目提高信噪比（SNR），通过特殊算法对阵列信号进行处理，赋予阵列测量方向性的特性，能放大目标声源，提高信噪比，因而能应用于传统的闭口风洞。此外，采用该技术可以得到丰富的声源信息，包括声源位置、强度以及频率特性等。在欧美等技术发达国家，该项技术被成功地应用于民用客机气动噪声研究中，而在国内还处于空白状态。

面临我国大型飞机的发展，在飞机/发动机防除冰技术、风洞试验数据/飞行试验数据相关性及其修正技术和发动机动力模拟试验技术等领域，我国还远远落后于航空器先进国家的水平，而这些技术的发展严重影响了飞机的飞行安全、经济效益和飞行性能。对于战机而言，除了上述要求外，其高机动、高敏捷是先进飞战机的重要标志，由于我国在这方面的研究起步较晚，因此在飞行器高机动和高敏捷试验技术及其流动机理研究方面还处于萌芽状态。

（三）风洞试验设备建设

作为空气动力研究重要设施之一的风洞及其实验设施的建设一直是我国航空器研制中的瓶颈之一，严重制约了我国飞行器自主设计技术的发展，这一点在我国大型飞机研制过程中体现更为明显。对于发达国家如美国和俄罗斯，我国急需增大在大型风洞建设方面的投入，瞄准大型飞机研制中的高雷诺数、低湍流度、低噪声、结冰以及高超声速飞行器研制中的高马赫数、高温等气动现象的需求，尽快开展系列风洞设施的建设和规划，才可能真正快速缩短与航空器大国的技术差距。

（四）计算流体力学研究

计算流体力学的发展与风洞试验设施的建设也存在类似的问题，也严重制约了我国航空器研制技术的发展。

在并行计算技术发展方面，传统硬件设计的 CPU 多核并行的机群架构模式随着 CPU 核数的不断增加而散热及相关降温能耗问题日益突出，导致高性能计算机在架构上迫切需要探索新的设计架构，从而引发了新架构上相应新的并行算法研究问题。国内外相继开始探索通过通用计算 GPU 等众核加速板来增强 CPU 计算能力的并行加速新途径，这种方式在获得总计算能力增强的同时节能效果显著，散热问题较传统架构可大大缓解。目前国内出现了以“天河”为代表的异构架构的高性能计算机，内含众多的 CPU 和 GPU 通用图形处理器，而日本与美国也出现了 TSUBAME 等相似的异构高性能计算机。面对包含 GPU 与 CPU 的异构架构高性能计算机，国内外学者开展了针对航空 CFD 数值模拟问题的包含 CPU 上进程级并行和 GPU 等加速板上线程级并行的融合并行计算方法的研究工作。国外欧美在航空 CFD 融合并行计算方面的研究已有 HiCFD 等项目提供资助，并已迈入多 GPU 机群研究领域，研究规模已达 128GPU 并行层次，而国内的相关研究目前基本上停留在单 GPU 并行加速的研究水平，而在国内还刚刚起步。

CFD 应用的深入为 CFD 软件开发和集成带来诸多机遇和挑战：一方面各种各样的 CFD 应用需求要求软件的功能日新月异，既能满足常规计算（如气动力、气动热等）需求，又能部分满足特殊计算（如多体分离、多物理场耦合、燃烧和化学反应等）需求。另一方面，从用户角度，又要求软件要容易使用，并且能可持续发展，以非常小的代价进行软件维护和二次开发，实现新功能的快速集成。因此，新一代 CFD 软件开发中迫在眉睫需要从研发思路上进行革新，引进软件工程的思想方法，开展新型软件体系结构研究和顶层设计，才有可能满足日益增长的 CFD 软件应用需求。在开放式 CFD 软件的新型体系结构与开发技术方面，近 10 年来，随着 CFD 新算法和新技术不断出现，国外在 CFD 软件开发领域非常重视软件体系结构研究，重视 CFD 软件的开放性以方便新算法融合，以及采用组件技术实现多个 CFD 代码功能融合，较著名的包括美国的 WIND 软件项目、欧洲航空 CFD 软件 elsA 项目、英国 OpenFoam 开源软件项目等。这些项目都强调采用先进的体系结构、注重 CFD 软件的可扩展性。国内从 2010 年左右，逐步开展了有关尝试。

总体来说，国内 CFD 发展水平在理论研究方面与国外相当，如已开展的湍流 DNS 数值模拟技术研究、非定常动态数值模拟技术研究、高温真实气体效应数值模拟技术研究等，但在 CFD 技术的软件化程度，以及在工程应用的深度和广度方面与发达国家存在很大差距。尽管经过近年来努力，很多单位都形成自主的 CFD 软件系统，但没有形成合力和能在工业中广泛应用的 CFD 软件产品。

此外，气动数值模拟软件可信度分析研究，国外航空航天技术发达国家（尤其是美国、欧洲和日本）普遍重视对 CFD 软件开展持续的验证和确认。从 20 世纪 90 年代开始，先后启动了大量专题研究项目或技术研讨会来专门研究相关问题，取得了一大批实用的技术成果。代表性的工作例如美国国家项目“面向工程应用的 CFD 研究联盟”NPARC、欧美联合软件验证项目 CAWAPI、AIAA 阻力特性和高升力特性预测系列专题研讨会议、NASA 合成射流和湍流分离的 CFD 确认专题研讨会议、欧盟框架计划项目“工业应用 CFD 的质量和可信度主题网络”QNET-CFD、欧盟框架计划项目“CFD 验证和确认气动共享数据库”FLOWNET、欧盟框架计划项目“湍流模型 CFD 确认专题研究”FLOMANIA 和 DESider、欧洲 AVT 军机设计 CFD 可信度专题研讨会等。正是由于这些工作，促进 CFD 在西方先进国家的快速发展，使航空航天飞行器各大公司都对 CFD 的应用有了信心，进而使得 CFD 成为他们用于设计、分析和优化航空航天飞行器气动性能的例行辅助工具。通过上述研究工作的开展，基于不同组织或研究侧重点，同时还建立了大批可支持 CFD 软件验证和确认的数据库（如欧洲 ERCOFTAC 科学数据库、NPARC 联盟的验证确认数据库、欧洲航天局高超声速气动热力学工程数据库、AGARD 系列 CFD 确认实验数据集和欧盟 FLOWNET 数据库等），并研制出实用的应用支持系统（如 NASA 的 AeroDB 和 BPX 专家系统，美国国防部支持研发的 CaseMan 以及欧洲 Opale 项目的 CAST 系统）。这些确认数据库和应用支持系统有力地支持了 CFD 软件的验证和确认工作，实现了相关技术成果的有效集成。

国外这些年随着气动数值模拟技术在飞行器设计中大比例替代风洞试验，持续开展了众多针对气动数值模拟软件和模拟过程的可信度研究工作，建立了众多进行可信度分析的验证和确认数据库，并出现了一些用于可信度分析的应用系统。

但是相对国外所建立的较成熟、系统的 CFD 软件可信度理论分析方法及丰富的专用确认数据库等可信度研究相关工作，国内还存在着不足。国内从“十五”开始，先后启动多项工作专门研究 CFD 软件的可信度问题。通过相关研究工作的开展，在气动数值模拟软件可信度分析方法和分析平台、验证和确认数据库、大型 CFD 软件的验证和确认等方面取得了一批实用的技术成果。代表性的工作包括中航计算所开展的“气动数值模拟软件可信度分析和验证确认研究”以及国内众多单位参与的“CFD 统一算例研讨”“航空高可信度 CFD 专题研讨”等可信度专题研讨活动。

（五）工程应用研究

近空间高超声速飞行器一直是各航天大国竞争的制高点，其发展大体为两种飞行方式。一种是在高度 30 ~ 70km、马赫数 10 ~ 22 长航时滑翔机动飞行。另一种是以冲压发动机为动力的巡航飞行器，有超燃、亚燃两种燃烧模式，飞行高度 20 ~ 40km、马赫数 4.5 ~ 10 巡航机动飞行。

美国在空天飞机（NASP）计划下马以后，执行了一项规模较小的高超声速（Hyper-X）计划。高超声速验证机（X-43A）采用乘波构形，氢燃料超燃冲压发动机。2004 年成功地进行了马赫数 7 和 9.6 的飞行实验，创造了超燃冲压发动机近空间高超声速飞行的世界纪录。美国的先进研究计划局（DARPA）和海军研究办公室（ONR）联合进行一项 4 年的高超声速飞行验证（HyFly）科学技术计划。验证巡航高度 27.4km，在航程为 600 海里时保持马赫数为 6.5 巡航，或在航程为 800 海里时保持马赫数为 4.0 巡航的冲压发动机技术。2005 年该项计划成功进行了以超燃冲压发动机为动力的飞行器的地面发射和飞行实验。在 2007 年 9 月和 2008 年 1 月进行的两次试验中，HyFly 导弹在速度上或者在射程上未能达到预期的要求。美国空军高超声速技术（HyTech）计划（1995—2005），以攻击运动目标的机载远程高超声速导弹为目标，巡航马赫数为 7 ~ 8，射程为 1390km。计划的核心是验证可供导弹在马赫数为 4 ~ 8 使用的超燃冲压发动机（Scramjet）。美国空军在完成 HyTech 计划的基础上，推动一个吸热式燃料的超燃冲压发动机的飞行验证机（SED）计划，即 X-51A。验证机为乘波外形，长 7.9m，重 1810kg。它先用 B-52 带飞到马赫数为 0.8 ~ 0.9，然后用 ATACMS 导弹加速到马赫数为 4.5，再用冲压发动机加速到马赫数 6.5。X-51A 在 2009 年 5 月的首次飞行试验中，由固体火箭加速到马赫数为 4.8，双模态冲压发动机推进加速到接近马赫数为 5，达到 31km 的最高点，因摩阻估计不足和尾喷管热防护问题而没有达到预期目标，显然只飞行了亚燃模态。2011 年 6 月 13 日进行了第二次飞行试验，由于进气道起动问题导致飞行试验失败。2012 年 8 月 16 日的第三次试飞中，X-51A 和助推火箭成功与 B-52 载机分离，助推火箭成功点火，但飞行过程中由于水平尾翼出现故障，导致飞行失败而坠入太平洋。

在高超声速飞机研究方面，随着美国空军对远程攻击能力需求的提出，美国高超声速飞行器研究转入了高速轰炸机和高速导弹领域，并开展了多个新的研究计划。在未来的美国轰炸机需要飞多快的问题上，尽管目前依然存在着争议，最终的答案将在这些新计划中得出。第一架 XB-70A 在 1964 年 5 月 11 日首次公开展示，1964 年 9 月 21 日首次试飞，而在后续飞行测试过程创下 21.5km 高度，3Ma 巡航速度的世界纪录。第二架 XB-70A 于 1965 年 7 月 17 日首次试飞，做了一系列测试，并在 1966 年 4 月 30 日创下连续 32 分钟飞行 3Ma 的空前纪录。不幸于 1966 年 6 月 8 日被伴飞的 F-104 撞到右垂直尾翼，坠于沙漠烟尘之中。第一架 XB-70A 仍继续活动，1967 年 3 月 25 日 NASA 进行国家超声速运输机计划，进行为期 15 个月的飞行。Loflyte 远程巡航乘波飞行器，20 世纪 90 年代由 NASA 兰利研究中心、刘易斯研究中心、通用动力公司和惠普公司共同进行概念设计，为乘波体外形，动力系统选用一体化的涡轮冲压发动机，巡航高度为 $H = 27$km，巡航速度为 $M = 5$Ma。美军新型高空战略侦察机“曙光女神”。机长为 32m，高为 7m，全载重为 83t，其中 2/3 以上是燃料，推力系统采用两台组合循环发动机。它计划使用液态甲烷燃料，飞行高度可达创纪录的 36km，航程预计达到 10000km，经过空中加油后，可以飞抵全球任何一个地方实施空中侦察。“黑燕”脱胎于美国国防部高级研究计划局的“猎鹰”计划。是一种无人驾驶、有战斗机大小的飞行器。HTV-3 是“猎鹰”计划的重复使用超燃冲压发动机技术验证机。试验飞行器由一套组合涡轮发动机和冲压式喷气发动机提供动力。涡轮发动机能让飞行器加速到大约 3Ma，然后由冲压式喷气发动机将速度提升到 6Ma。

航空工业集团和中科院有关单位合作开展了高速远程巡航飞行器相关核心技术的研究，提出了“近空间远程快速飞行器”概念，以火箭和亚燃冲压发动机为组合动力；用火箭发动机起飞，在 40 ~ 50km 高空利用高升阻比气动布局滑翔；在 20 ~ 30km 高度由亚燃冲压发动机以马赫数 4.5 巡航，完成任务后返回。航空航天发动机研究部门也相应开展了高亚燃冲压发动机的研制，攻克了巡航马赫数 4 左右的亚燃冲压发动机关键技术。同时，航空工业集团和中科院有关单位开展了以涡喷和亚燃冲压发动机为组合动力的远程巡航飞机的研制，在并联式涡喷亚燃冲压组合进气道和共用尾喷管、涡喷和亚燃冲压发动机共同工作进排气能量分配和乘波布局 / 推进系统一体化设计等方面取得明显进展。

在大型客机空气动力学设计技术方面，近年来，国外民机气动设计的进步主要反映在先进 CFD 技术的大量应用和新设计理念的提出上，如先进气动布局、超临界机翼、新型翼梢小翼、高效增升装置等。两者紧密联系，相互促进，有效地提升了飞机的气动性能。有效利用 CFD 工具是成功设计现代民用飞机的关键一环。近年来，国外相继推出了 CFL3D、CFD++、CFX、elsA、TAU 等比较有名的计算软件。它能以较低的成本通过少数的模拟了解设计过程的实质，预测优化流动特性所需的形状修正或某一收益函数（如阻力）。这就有效地减低了常规风洞试验的时间，使得风洞试验可以主要用于气动数据校核确认。两者分工合作，推进型号研制向更加精细化方向发展，大大降低了飞机的研制周期和成本。超临界机翼是 20 世纪航空界人士在气动设计技术方面的一项重大突破。超临界机翼由于能提高巡航马赫数，得到更高的巡航效率；或在同样巡航马赫数下增加机翼厚度，允许机翼进一步增大展弦比；或在同样厚度和马赫数条件下减小机翼后掠角。超临界机翼相比常规机翼还能增大前缘半径，提高最大升力系数。因此，在机翼的几何参数与气动特性的设计、优化、协调以及匹配方面，给设计师们提供了更大的选择空间。超临界机翼经历了近 40 年的发展，其技术水平已日趋成熟，型号飞机超临界机翼的设计则更强调基于全机的多学科多点精细设计。增升装置设计是现代大型运输类飞机提高起飞重量，缩短起降滑跑距离，增强机场适应性的关键技术，是提高飞机国际竞争力的最有效手段之一。增升技术的重大突破将对进一步提高民用客机的气动性能起着关键性作用，这在世界范围内也是一个很有挑战性的研究课题，对此，国外航空发达国家投入了大量人力、物力和财力，建立了较为配套的设计、制造、试验手段，开展了许多增升装置试验研究项目。从增升装置采用的形式来看，考虑到结构和维修等方面的好处，后缘缝翼设计有简单化的趋势，A380 和 B787 飞机都不约而同的采用了单缝后缘襟翼，这是国外增升装置设计的重要发展趋势。新型翼梢小翼设计越来越成为现代飞机气动改进设计的有力的措施，不同翼梢小翼由于其对翼尖涡的控制，减阻效果有所不同。同时随着设计越来越多样化，其设计也越来越趋于多学科综合设计。

国内通过 ARJ21 新支线飞机型号的锻炼和相关课题的研究，已经积累了一定的设计经验。在空气动力学设计中，目前，国内各大高校和研究机构都有自行开发的流场软件。但受网格生成、计算速度、计算经验等方面的限制，基于 NS 方程的流场分析方法尚未成为国内气动设计的主流方法，活跃于国内型号气动设计流程中的分析软件仍是早期的快速分析软件，如 BLWF 和 BGK 等。此类快速分析软件虽然速度快，使用方便，但其准确性和适用范围具有很强的局限性，不能预测流动分离与失速特性，非设计点分析能力较差，更不具备全飞行包线的设计能力。此类快速分析软件还要求设计人员具备大量的设计经验，对设计人员要求较高。此外，从设计理念看，国内在超临界机翼压力分布形态、扭转配置、高低速兼顾原则以及增升装置流动机理、数值模拟技术等方面的设计经验也尚显不足。为了克服国内气动设计存在的困难，大型客机气动设计采用了“举全国之力，集全国之智”的研制战略，集中了国内外多名专家学者联合攻关。一方面完成大型客机型号设计任务；另一方面也促进了国内流体力学和飞机设计的学科发展。气动设计联合团队发展了一系列新的设计方法，开展了气动设计新思路的探索，采用计算与试验相结合的方法，最终得出了满足设计指标的气动设计方案。

四、展望与对策

空气动力学在飞行器设计和发展过程中起到了重要作用，高性能飞行器的出现离不开先进的空气动力学布局，面对新世纪“绿色航空”概念的提出，在性能和排放这一矛盾体中，进一步提高飞行器的升力、降低阻力是飞行器设计中永恒的主题，大攻角非定常流动和旋涡分离流还会影响飞行器的飞行安全，面对世界航空大国，我国在空气动力学领域的研究还是相对比较薄弱的。

在基础理论研究方面，深入研究层流和湍流流动的机制是提高流动认知，控制飞行器摩擦阻力的重要理论基础，这对于大型飞机设计技术的发展具有重要影响；进一步发展先进的流动控制技术和气动布局一体化融合设计技术，控制和减弱流动分离，进一步增大飞行器的升力、降低阻力，改善空气动力特性；进一步发展大攻角非定常空气动力学和旋涡分离流的研究，瞄准飞行器大攻角机动飞行过程中的非指令运动，揭示其主控流动和流动机理，发展流动控制技术抑制非指令运动，为先进飞行器的设计奠定坚实的理论基础；进一步发展非线性气动与线性结构耦合的飞行器气动弹性分析方法，解决飞行器跨声速飞行时遇到的气动力高度非线性问题，推动高性能飞行器的发展；提出新型的空气动力学布局和飞行器设计概念是空气动力学乃至航空航天工业发展的重要源泉。

风洞试验和数值试验是飞行器设计中的两大技术手段。在风洞试验方面，首先要增大在大型风洞建设方面的投入，瞄准大型飞机研制中的高雷诺数、低湍流度、低噪声、结冰以及高超声速飞行器研制中的高马赫数、高温等气动现象的需求，尽快开展系列风洞设施的建设和规划，才可能真正快速缩短与航空器大国的技术差距；其次，应加快气动噪声试验技术、飞机 / 发动机防除冰技术、风洞试验数据 / 飞行试验数据相关性及其修正技术、发动机动力模拟试验技术等关键试验技术的发展；对于战机而言，还应进一步发展高机动飞行试验模拟技术和非定常流动测量和试验技术，为发展高机动和高敏捷飞行器设计提供基本试验手段；此外，面临我国高超声速飞行器的发展，弥补我国在高超声速领域的试验技术的差距也是当务之急。在数值试验技术方面，提高计算效率和计算精度为飞行器设计提供高效和精准服务是其发展的重要推动力，因此，高精度计算方法、高效的并行技术及其计算结果可行度评估仍然是本计算流体力学领域的主要发展方向。

在工程应用领域，高机动飞行器、大型飞机、临界空间和高超声速飞行器是目前重要的发展方向，而在这些领域，我国尽管已经取得了重要进展，但是离世界先进水平还有很大差距。

参考文献

[1] Brandvik T, Pullan G. An Accelerated 3D Navier-Stokes Solver for Flows in Turbomachines, Proceedings of GT2009 ASME Turbo Expo 2009: Power for Land, Sea and Air June 8-12, 2009, Orlando, USA.

[2] Andrew Corrigan. Porting of an Edge-Based CFD Solver to GPUs, AIAA 2010-523.

[3] Dana A. Jacobsen. An MPI-CUDA Implementation for Massively Parallel Incompressible Flow Computations on Multi-GPU Clusters, AIAA 2010-522.

[4] R. H Bush, S. L. Missouri, G. D. Power, et al . WIND: The Production Flow Solver of the NPARC Alliance, AIAA 98-0935.

[5] Gazaix M., Jollès A., Lazareff M. The elsA Object-oriented Computational Tool for Industrial Applications. ICASE-2002, 2002.

[6] Kleb W. L., Nielsen E. J., Gnoffo P. A., et al, Collaborative Software Development in Support of Fast Adaptive AeroSpace Tools (FAAST). AIAA 2003-3978.

[7] 翟慎涛，顾健，占科鹏. 仿真模型可信度评估指标体系研究 [J]. 系统仿真学报，2011，23 (增 1)：26-29.

[8] 刘飞，马萍，杨明等. 复杂仿真系统可信度量化研究 [J]. 哈尔滨工业大学学报，2007，39 (1).

[9] 张晓哲，李云霞，马丽华. 红外制导仿真系统可信度评估的层次分析法 [J]. 现代防御技术，2009，37 (2).

[10] 比施根斯 · Г.С.. 干线飞机空气动力学和飞行力学 [M]. 北京：航空工业出版社，1965：13.
[11] Johnson FT. Thirty years of development and application of CFD at Boeing Commercial Airplanes, Seattle, Computer & Fluid 34 (2005) 1115-1151.
[12] Aerodynamic design of Airbus high-lift wings in a multidisciplinary environment, European Congress on Computational in Applied Sciences and Engineering ECCOMAS, 2004.
[13] Reneaux J. Overview on drag reduction technologies for civil transport aircraft, European Congress on Computational Methods in Applied Sciences and Engineering ECCOMAS, 2004.

撰稿人：王延奎

飞机结构设计及强度专业发展研究

一、引言

中国航空学会结构与强度专业分会通过会员单位的领导和广大科技工作者的不懈努力、开拓创新和努力拼搏，近年来使我国的飞机结构设计与强度专业呈现出蒸蒸日上的研究热潮，在基础理论研究、设计技术研究、试验技术研究、计算技术研究、工程应用等诸多领域取得了一批新的重要研究成果和重大发展，部分研究成果已在重点型号研制中得到应用，同时还拓展了一些新的研究领域和应用领域并取得了可喜的进展，为我国国民经济和国防武器装备发展奠定了坚实的技术基础。

本报告研究了我国飞机结构设计及强度专业领域近年来在若干方面的发展概况和取得的重大技术成果，并结合国外研究进展分析了国内在飞机结构设计与强度方面的发展趋势和存在差距。本报告主要内容包括发展现状和研究进展（含国内外对比分析）、展望与对策。

二、发展现状和研究进展

（一）结构设计技术

运行经济性和环保性已成为当今世界民机市场竞争力的两大目标，实现这两大目标的核心是轻质结构、新一代发动机、先进空气动力学和创新制造工艺等技术。而降低结构重量的有效手段：一是采用先进的结构设计和分析技术，二是大量采用先进的复合材料、钛合金、铝锂合金及其他新材料和整体化结构。

为了实现上述目标，国外正在加快发展先进的结构技术，提高和加快轻质机体新材料、新工艺的应用水平，特别是针对民用飞机采用的先进复合材料，实施了一系列新材料应用的中长期计划，来推动复合材料技术和先进合金技术的发展，以提高航空平台机体结构效率、减轻重量、降低成本。如美国 NASA 实施的飞机效能（ACEE）、先进复合材料技术（ACT）、先进亚音速技术（AST）、整体机体金属结构（IAS）等计划，一方面极大促进了复合材料在民用飞机上的应用，另一方面极大提高了结构效能，大大降低了制造成本和制造周期。

欧洲的空中客车公司在应用复合材料方面毫不逊色于美国的飞机制造公司。继实施 TANGO 计划之后，欧盟又实施了先进低成本机体结构计划（ALCAS），针对不同的结构材料和设计方法与飞机系统最佳结合，为低成本地制造出轻重量的飞机结构，提供相应的数据和经验，该计划已经规划了 4 个技术验证平台，大多数是复合材料结构。

近年来，美国和欧洲已经或正在将上述专项计划所取得的低成本、轻重量复合材料结构和整体结构技术的研究成果，应用于正在研制的先进飞机结构设计上。其中波音公司的概念机先进战术运输机（ATT）将大量采用 ACT 和 AST 计划中所取得的研究成果，其主承力翼盒将采用缝合复合材料加筋蒙皮壁板，机身将采用缝合泡沫芯复合材料面板夹层结构。波音公司正在研制的梦想飞机 7E7，将采用碳纤维复合材料 - 钛合金层压板机翼主承力盒段，复合材料或创新结构铝合金的机身，以及采用非热压罐的真空辅助树脂传递模塑工艺（VaRTM）制造的复合材料前机身等。先进复合材料、下一代合金以及纤维 - 金属层合板的最终用量会达到 50% 以上，将为满足市场要求提供最佳的性能 / 成本比和最大的全寿命相对效能。

总体来说，国外民用飞机结构设计技术研究的发展呈现在以下几个方面：

1. 民用飞机正在采用先进的设计理念和方法

为了提高民用飞机结构安全性和可靠性，航空发达国家在不断更新设计理念，在民机结构设计始终贯彻结构完整性设计思想，综合考虑静强度、刚度、耐久性 / 损伤容限和功能要求。在解决性能和重量之间矛盾的前提下，保证结构的安全性、可靠性、维修性、低成本和长寿命。

应用结构完整性设计思想，研究新型轻质材料铝锂合金层板结构、搅拌摩擦焊和激光焊焊接结构的基本力学特性、耐久性 / 损伤容限特性和疲劳寿命分析评估方法，体现固体力学与结构制造工艺的完美结合，是目前新型整体轻质结构设计发展方向。并且不同结构、不同部位采用不同的设计准则，并选择合适的材料及制造工艺。图 1 为空客 A380 飞机机身及尾翼结构设计准则，图 2 为 A380 飞机先进材料应用方案。

国外民用飞机新型轻质结构设计、分析和综合验证技术研究总体研究思路遵循结构完整性设计思想，并遵循从材料 / 试样→元件→结构细节→部件→全机的积木式设计、分析与验证方法，所有层次的分析都要求有试验依据（图 3）。

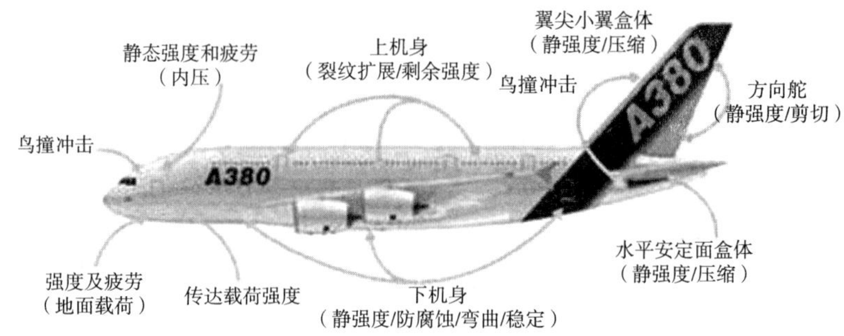

图 1　A380 机身和尾翼结构的先进设计准则

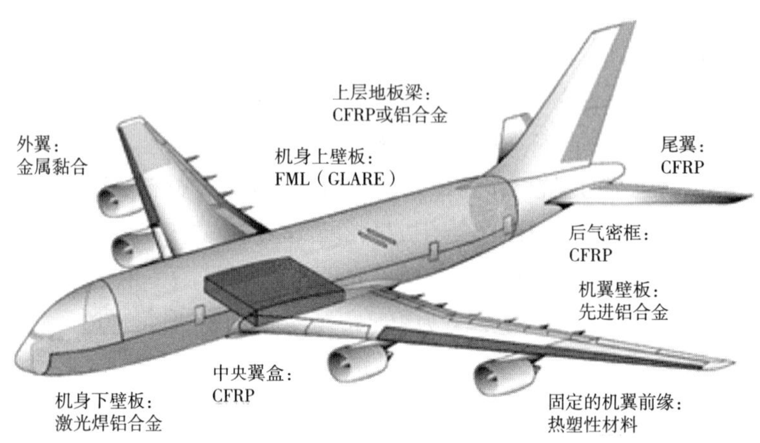

图 2　A380 飞机先进材料应用方案

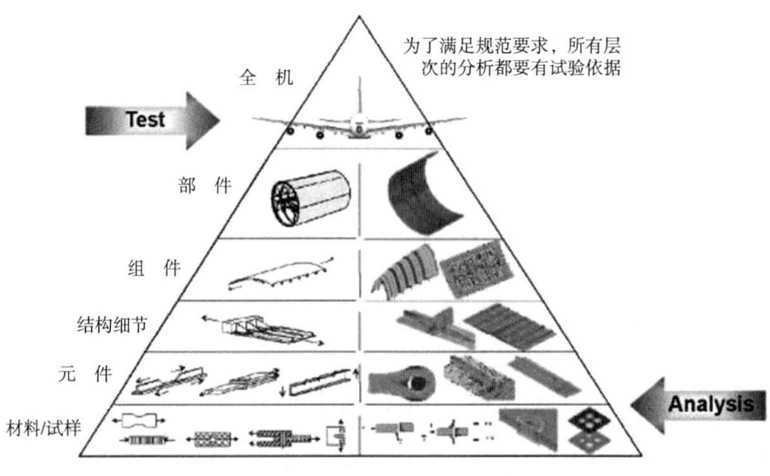

图 3　积木式设计、分析与验证方法

2. 铝锂合金等轻质材料在结构中大量应用

从国外民机材料的应用情况看，大量应用了钛合金，铝锂（Al–Li）合金和铝锂钪（Al–Li–Sc）合金等先进的轻质材料，如 Airbus 公司的 A380–800 宽体客机，其机体结构材料（按重量计算）：铝合金（含铝锂合金、新型铝合金）61%，新型的玻璃纤维—铝合金层压板 GLARE（由 2024–T3 铝薄板和 S2 玻璃纤维用 FM94 环氧粘接在一起形成层板）为 3%。波音公司研制的波音 777 飞机也应用了大量的轻质材料。波音在研制波音 787 飞机时，更是大量应用和研制了与复合材料同样轻的轻质优质金属材料。因此轻质结构材料的性能好坏是飞机结构强度与寿命的决定因素。

欧洲 TANGO 研究计划的项目之一的先进金属机身结构，纤维金属层板（FML）和 Al–Li 合金、Al–Li–Sc 合金是所采用的主要新材料。国外创新型先进层板研究的典型代表为欧盟第六框架中的“未来飞机结构新型先进层板研究”（development of innovative and advanced laminates for future aircraft structure），主要针对前期开发的 GLARE 层板的成本高以及其他缺点而研究开发其他 FML 的研究项目。

随着新型轻质材料的研发及工艺的进步，特别是第三代 Al–Li 合金材料及先进焊接工艺的成功研发和应用，为实现飞机轻质结构和降低全寿命成本提供了有效途径。在空客最新的 A380 和 A350 飞机中采用了大量的先进金属材料和新工艺，包括新一代的 Al–Li 合金、激光焊接技术（LBW）、搅拌摩擦焊接技术（FSW）和金属胶接技术。

迄今为止，已发展的第三代 Al–Li 合金比 7000 系列具有更高的静强度和低密度特性。A380 货机的机身蒙皮采用了最新的第三代 Al–Li 合金 2198 和 2199，它们成为下一代飞机蒙皮的重要候选材料。第三代 Al–Li 合金在 A350、A380 上的大量应用是空客新一代飞机的一大特色。

美国 NASA 研究结果表明：Al–Li 合金材料的疲劳断裂性能明显优于常规的铝合金，1.4 ~ 1.8mm 厚度 Al–Li 合金材料的性能相当于 2 ~ 4mm 厚度 Al 合金的性能，并起到了明显的减重效果，研制出了 Al–Li 合金用于机身壁板，该类壁板能大大提高其疲劳寿命。

FML 综合了传统纤维复合材料和金属材料的特点，克服了单一复合材料和金属材料的不足，不但有高的比强度和比刚度，还具有金属材料的韧性和可加工性，而优良的疲劳性能和损伤容限性能是 FML 最主要优势。第三代 FML 是 CentrAL（central reinforced aluminum），是对传统 FML（ARALL,GLARE）概念的进一步拓展，如图 4 所示，目前正在研究进程当中。

FML 目前在国外已得到了大量的基础性能试验研究和工程应用，例如 GLARE 机身上蒙皮（A380）、雷达罩前隔板（庞巴迪系列飞机）、GLARE 货舱地板（波音 777、波音 757、波音 737、DC–9）、机翼连接框（A400）、襟翼（C30）、机身上壁板（T38）以及一些修理补片等。图 5 为 A380 研制的 GLARE 层板机身壁板试验件。

3. 先进工艺在结构上得到广泛应用

传统的主结构部件装配是一个费用相当高的过程，而新型焊接技术的应用为降低飞机

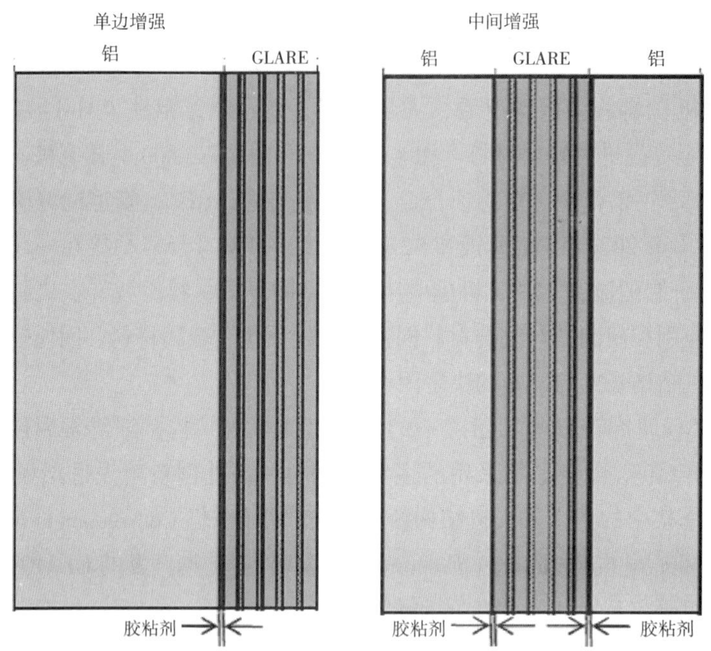

图 4 纤维金属层板 CentrAL 设计准则

图 5 A380 研制的 GLARE 层板机身壁板试验件

结构制造成本和提高主结构设计提供了新的途径。搅拌摩擦焊 FSW（friction stir welding）、激光焊 LBW（laser beam welding）、电子束焊 EBW（electron beam welding）等先进工艺已应用于现代飞机结构制造中。

A380 和 A350 采用 LBW 制成 6000 系铝合金和铝锂合金整体结构件。A350 采用激光焊接技术制造铝锂合金机身结构件（蒙皮与长桁之间的连接），并扩展应用到最新的铝锂合金材料，而A380采用激光焊接技术制造6000系铝合金下机身壁板结构件，以取代以往的铆接结构件，从而由过去的“装配式结构”概念改变为“整体式结构”概念。这不仅减轻结构重量、降低成本和提高抗腐蚀性，而且从力学角度来看，可减少蒙皮损坏后裂纹的增长。激光焊接技术既适用于单曲度壁板，又适用于双曲度壁板。

LBW技术的采用，大大地简化了飞机机身的制造工艺，使机身重量减轻18%，成本下降21.4% ~ 24.3%，被认为是飞机制造业的一次技术大革命。德国政府2006年公布的科技发展计划中将LBW技术列为航空工业两大尖端发展技术之一。

民机结构大量采用高强铝合金。由于铝合金材料的熔焊焊接性能差，不得不采用点焊、铆接或机械连接结构，大大降低了性能重量比，限制了铝合金在飞机结构中的应用。FSW为这类问题的解决提供了一个新思路。FSW用于民机上的高强铝合金（如硬铝、铝锂合金等）材料的连接，可大大提高产品的性能和制造水平。空客公司准备采用FSW技术实现飞机壁板沿纵向接缝处的连接，从而实现更大的壁板，更大限度地降低成本。

Boeing公司致力于FSW研究和应用，其中主要研究薄板对接接头、厚板对接接头和薄板T形接头在航空航天中的应用，对FSW的研究和试验已经超出简单的试验验证，进入了系统化的工程应用开发阶段。他们对一个应用FSW的战斗机零件进行了静态机械性能以及疲劳试验，并且进行了飞行试验；制作了3件方向舵，并装机试飞进行验证。

4. 新型轻质结构在现代飞机结构上得到广泛应用

美国NASA从1996年实施整体机身结构（IAS）计划，在研制新材料、新工艺的基础上，不断推出新的结构形式，针对飞机结构关键部位开展了整体结构大量的耐久性/损伤容限试验研究，包括材料性能试验，质量控制试验，分析验证试验和结构件试验。在IAS计划执行中，已研制出用于整体结构设计与评估的Mechanica软件，该软件可快速和有效地进行整体结构的耐久性和损伤容限分析，从而进行快速的结构设计和敏感性分析，大大缩短了结构研制计划。NASA已将IAS计划中的研究成果应用于波音747中，取得了非常好的效果。

欧盟的TANGO研究计划应用激光焊、搅拌摩擦焊设计研制出金属机身整体壁板及典型机身段。

由于国外民机设计中已广泛采用先进的结构设计理念、大量使用了新材料和先进的制造工艺、高效轻质的新结构形式等先进技术，已使得机体结构寿命在达到60000飞行小时的基础上，已提出90000飞行小时的目标寿命；欧洲空客公司更是将未来的民用飞机A340-600飞机的设计目标寿命定为100000飞行小时，20年日历寿命，将A380飞机设计目标寿命定为135000飞行小时，25年的日历寿命，取得了明显的效果。

5. 国内民机结构设计技术发展现状

我国民用航空工业经过近半个世纪的发展，建立了较配套的设计、制造、试验手段，研制成功了Y7、Y8、Y10、Y12等中、小型民用运输机。目前正在进行研制的ARJ21-

700、MA600、MA700、Y12F 等新支线飞机、C919 大型客机等，积累了结构设计经验，初步具备了开展长寿命、高可靠性、轻质结构设计、制造与试验验证条件。

在收集和消化理解国外支线飞机的典型结构细节形式和布局基础上，形成了新支线飞机结构耐久性 / 损伤容限设计图册；对国外常规材料和国外细节制造工艺、国内常规材料和国内工艺也进行了材料性能对比试验，积累了一定量的试验数据；并在结构设计与分析方法上有所发展。但主要针对的是新支线飞机和常规结构形式，在新概念结构设计与分析、整体结构构型和先进工艺研究以及快速设计与评估等方面还存在许多不足，要直接应用于大型民用客机结构设计还有大量的工作要做。

“十一五”期间，先后完成了大型飞机全尺寸机身整体壁板结构的设计和制造，并通过了全尺寸结构的静力、耐久性和损伤容限试验验证，达到了大型飞机对长寿命的要求，显著减少了零件数量；在大型飞机机身整体壁板中采用搅拌摩擦焊工艺和喷丸成形工艺，解决了大曲率喷丸成形和搅拌摩擦焊接变形的控制技术难题。但国内研究所用材料基本上为 2024 系列和 7050 系列常规材料，先进的铝锂合金（层板）等新材料没有应用，同时对先进的整体结构无损检测方法及成本分析几乎没有研究，这与民机新结构快速发展不适应，急需继续研究。

目前，国内正在进行研制的新支线飞机 ARJ21-700 所用材料基本上都是国外材料体系，而且以常规材料为主，新材料很少，即使现在的 C919 飞机设计应用铝锂合金材料等新材料，但还是处于初期研究阶段。因此，可以看出我国与国外飞机目前应用的先进材料有较大差距。

对搅拌摩擦焊（FSW）、激光焊（LBW）等研究还是处于实验室阶段，与工程化应用有不少距离。虽然 C919 飞机提出应用先进工艺激光焊、搅拌摩擦焊技术等，但对其性能分析和结构设计缺乏经验，与国外在型号上的应用还有很大差距。

目前我国开展的搅拌摩擦焊研究主要集中在铝合金、镁合金以及紫铜等材料，也对铝基复合材料等轻质材料开展了探索性研究。关于搅拌摩擦焊接头可靠性的研究，主要以常规力学性能测试分析为主，在接头其他性能研究方面开展工作较少，如接头的冲击韧性、耐腐蚀性以及抗疲劳性能等。

在激光焊接技术方面，虽然我国取得了大量的研究成果，但距民机结构研制的需求还存在一定差距。因此，先进激光焊接技术在国内航空结构设计、制造的工程化应用研究成为我国航空结构发展进步亟待解决的问题。

6. 国内外主要差距分析

1）先进飞机结构发展趋势是向新材料、新工艺和整体结构方向发展，新概念设计与分析技术发展很快，原有的结构设计与分析方法不能完全满足轻质结构要求；

2）轻质材料和轻质结构一体化设计与分析技术尚未完全建立。已经完成的研究成果大都是独立的，各项技术之间的相互联系，各项技术所含设计参数之间的权衡则较少考虑，未能形成系统的技术。同时飞机上各部件之间的相互关系和影响也较少涉及，如新材料设计分析和新工艺之间的耦合关系；

3）缺乏先进材料设计与性能研究，如铝锂合金层板设计、分析及其性能试验数据严重缺乏，其材料宏观及微观性能分析方法及失效准则研究严重滞后。

（二）结构试验技术

部件和全机结构静力试验验证技术是飞机制造商的核心技术，国外先进飞机制造商对这些技术细节严格保密，在公开的文献资料中很少提及。近年来国内飞机制造商和科研院所等单位通过多项关键技术攻关，在大型飞机部件和全机静力试验、多轮多支柱起落架落震试验等技术上取得重大突破，主要有：大型飞机全机静力试验中的机翼大变形精准加载与测量、大直径机身加载、大容积机舱 / 机翼油箱快速冲 / 卸压、货舱地板试验加载、多支柱起落架支持与加载、大型一体化整体加载框架设计、大开口舱门 / 活动翼面功能试验随动加载等，以及多支柱起落架落震试验中的着陆姿态可变的试验夹具设计、多轮同步带转技术、铰点载荷测量技术、多测力平台载荷测量技术、考虑起落架缓冲器的气腔和油腔温度变化的高低温环境模拟技术等。多项攻关技术已直接应用于国内大型军 / 民机的研制试验中，为型号研制提供了强有力的技术支撑。其中 ARJ21-700 飞机首次采用了机翼垂直弦平面加载、反配重扣重等先进试验技术，完成了机体结构临界情况稳定俯仰 2.5g 全机静力试验，并获适航当局认可。另外在飞机全尺寸疲劳加速试验技术、鸟撞试验与测量技术等方面也取得重要理论研究成果。

毋庸置疑，近年来国内试验技术攻关取得的成果明显缩短了与国外飞机结构试验技术的差距，有些试验技术已达到国外先进水平。但也应该看到，一方面现有的一些试验技术与国外的试验技术相比在先进性、成熟性、通用性、多样性、规范性上还存在较大的差距，试验周期过长，试验投入过大，在军用和民用飞机型号研制上的应用也存在较大差异。另一方面针对大型飞机研制或审定中所需的一些关键试验技术仍处于探索阶段，还缺乏成熟的试验技术和相应的技术规范和标准，尤其是在全尺寸疲劳加速试验技术、机翼大挠度随动加载技术、动强度试验和测量技术、环境试验和测量技术、高速冲击响应试验和测量技术上仍需要做出富有实用性和创造性的工作。

（三）结构动强度设计技术

我国在结构动强度技术研究方面近年来开展了大量的工作，取得了令人鼓舞的进展。迄今为止，已编写了多部技术专著，研究发展了初步的振动严重结构动力学设计技术、振动预计技术、振动主被动控制技术、振动分析与试验一体化技术、常规飞机的飞行载荷与地面载荷预计与实测验证技术、离散源撞击分析技术、适坠性设计技术、新型高阻尼振动控制技术、全机地面振动相位分离试验技术和考虑机体结构弹性的起落架落震、摆振、滑跑模拟试验技术等一大批急需的实用技术。

针对飞机动强度问题，目前研究领域涉及：

1）飞机动载荷设计；

2）离散源撞击、战斗损伤与结构抗坠撞设计；

3）结构动力学设计；

4）振动控制技术；

5）飞行器结构动态疲劳强度与动态可靠性设计；

6）飞机动强度试验设施、试验技术、标准、规范。

安全寿命/耐久性/损伤容限设计技术是保障飞机结构安全的主要设计准则，而动强度设计准则仅作为飞机初始设计阶段的校核的现状仍未有大的改观，使得国产飞机的振动及噪声问题普遍存在，且都较为严重。从国产飞机的研制及使用情况来看，振动引起的故障时有发生，极大影响了飞机的出勤率和民用机上座率。要从根本上改变国内在飞机动强度设计方面的被动状态，就必须在飞机的方案设计阶段就开始采用动强度设计方法。但国内动强度设计目前还缺乏全面、系统、深入的研究，特别在适坠性设计技术、动态可靠性、振动疲劳分析、设计和验证技术、多轮多支柱起落架地面载荷和摆振性能设计与验证技术、（舰载机）全机落震试验技术、标准、规范，以及动力学虚拟技术等方面的研究还很欠缺。

国外先进技术、系统发展飞行器动强度技术、改变传统的飞行器动强度校核的被动局面，为未来高动力学品质的飞行器设计提供工程实用的设计分析和试验验证方法，国内飞机结构动强度技术与国外仍存在较大的差距。但随着四代机、大型运输机、舰载机、高性能无人机、新支线客机、干线飞机的陆续上马和现役飞机的改进需求，为飞机动强度技术提供了广阔的发展空间，其中涉及了大量急需解决的关键技术问题，这些问题的解决可以大大提升我国飞机动强度技术水平和研究能力，缩短与国外先进国家的差距。

（四）结构耐久性/损伤容限技术

耐久性/损伤容限设计是保证飞机机体结构完整性的主要设计准则，用于分析评估飞机结构存在裂纹损伤状态下的剩余强度问题、裂纹扩展的寿命预测问题以及由此建立起的飞机结构在服役过程中的维修大纲与恰当的检查维修方法等。目前国内外在该技术领域的主要研究工作有：

1）先进的疲劳三维断裂理论、先进的耐久性/损伤容限综合分析和预测技术；

2）新型材料、新结构构型的耐久性/损伤容限设计/分析与试验验证技术；

3）新的设计规范和新的适航标准对飞机结构耐久性/损伤容限技术提出的新挑战；

4）飞机部件级精确的结构疲劳试验技术，全机疲劳加速试验技术；

5）飞机可动部件的收/放可靠性试验技术；

6）飞机结构战伤生存力设计/分析与试验验证技术；

7）先进材料和工艺的结构试验无损检测技术。

基于二维疲劳断裂理论的耐久性/损伤容限分析技术相对成熟，已形成的相应技术规范和分析软件系统已广泛应用于型号研制，先后完成了多个机型的结构损伤容限分析评定。特别是损伤容限技术在某型军机研制中的应用取得突破，在国内首次全面开展了损伤容限分析和试验验证，为军机贯彻损伤容限设计规范奠定了良好的基础。另外，在大尺寸整体结构的耐久性/损伤容限设计/分析与试验验证技术上已取得了重大研究成果和应用，在大型运输类飞机的广布疲劳损伤评定方面已取得重大理论研究成果，在已开展的飞机全尺寸疲劳加速试验技术研究课题上也已取得一定的进展。

国际航空技术发达国家在断裂力学分析和飞机结构耐久性/损伤容限分析上已形成相对成熟和稳定使用的分析软件，比较著名的有美国的 NASGRO、AFGROW，欧洲的 ESACRACK 等。与此相比，国内设计部门还没有形成自己成熟和稳定使用的分析软件。

随着计算机技术的发展，国际上三维断裂数值模拟研究和多尺度研究骤增并得以应用，为结构三维断裂力学分析提供了有力的分析工具。而国内在这一方面的研究已明显落后于国外。现代飞机设计大量使用三维整体结构，基于二维疲劳断裂理论的耐久性/损伤容限分析技术已不能完全适应，需要发展基于三维疲劳断裂理论的三维或准三维耐久性/损伤容限分析技术，实现从材料三维疲劳断裂性能到三维复杂结构疲劳断裂性能分析的跨越。

（五）结构动态疲劳问题

随着现代飞机飞行速度的提高，振动疲劳问题愈加突出。由噪声、振动的激励而导致结构产生的疲劳现象称为动态疲劳，以区别于由突风载荷、机动载荷等引起的飞机结构的疲劳现象。动态疲劳又可分为两个部分：一是噪声疲劳，一是振动疲劳。噪声疲劳从“六五”后期就已开始投资研究，已经取得进展，特别是军机结构声疲劳研究，如声疲劳试验技术、声疲劳计算方法研究及软件编制，歼 -X 进气道声疲劳定寿研究等都取得了一定成果。对于振动疲劳问题尚处于研究阶段，有关振动疲劳的机理研究尚处于起始阶段，迫切需要对振动疲劳问题进行更深入的研究。另外，直升机的振动疲劳也是亟待解决的问题。

对于材料强度问题而言，可以将振动疲劳破坏简单地假设为与传统的“静态”应力疲劳破坏相一致，因为两者同样都是由于应力循环导致损伤累积而产生的破坏，可以借用已有的疲劳强度理论作为基础来分析振动疲劳强度问题。但对结构强度问题来说，振动疲劳与所谓的应力疲劳在载荷的产生特点、频率范围以及频率的影响方面是有明显区别的，因此振动疲劳寿命分析方法与常规疲劳分析方法存在显著差别。

1）振动疲劳机理研究。自“九五”以来国内在振动疲劳实验手段和基础应用方面取得了不小成绩，但是目前对结构振动疲劳的动力学本质仍尚无突破性认识，有关振动疲劳的机理还需进一步深入研究。

2）振动疲劳寿命估算方法。目前振动疲劳寿命分析方法主要有两种，一种是基于统计计数的时域分析方法，另一种是基于功率谱密度的频域分析方法。时域法是一种传统的随机振动疲劳估算方法，虽然这种方法能比较准确地得到随机振动载荷所造成的累积损伤，并适用于窄带和宽带随机振动疲劳寿命的预估问题，但是如果要准确描述一个随机加载过程，就需要很长的记录信号，这需要非常大的工作量，在有限元分析中也很难实现。频域分析方法是通过有限元分析或实际测量得到结构危险点的应力功率谱密度，然后利用统计原理获得相应功率谱的相关统计参数，结合应力幅值的概率密度函数，选取适用的损伤累积准则及破坏判据，进行疲劳寿命预估。该方法凭借计算简单、不需要循环计数的优点受到不少学者的青睐。基于功率谱密度的频域疲劳寿命估算已经在汽车、航空、航天和机器制造等工业领域得到了广泛的应用。

3）材料超高周疲劳性能描述。结构振动疲劳破坏一般表现为低应力高频载荷作用，属于超高周寿命，然而现在比较常用的疲劳寿命曲线并不能准确地描述超高周寿命。目前由于结构振动疲劳的一些机理性问题上不清楚，所以尚没有成熟的修正静态疲劳 S–N 曲线以用于结构振动疲劳的方法。

4）损伤累积理论。目前并无专门针对振动疲劳损伤累计理论，有专家指出，鉴于动态疲劳估算误差较大，采用其他有关非线性累积损伤理论并不能显著改善分析精度，反而增加了分析的工作量和难度，建议仍旧采用线性累积损伤式来计算累积损伤量。

5）结构抗振动疲劳设计。目前结构抗振动疲劳设计主要从以下 4 个方面着手：减轻振（噪声）源强度；减少或消除结构振动（噪声）传递；结构振动控制；改进结构连接形式或连接方法等。具体而言，比如改进飞机结构外形设计（必须通过风洞试验检验），避免双垂尾抖振和平尾抖振；改善机体突出物及不规则表面，优化外挂等的安装角和安装构型；飞机武器系统和飞机外挂件设备安装时应采取减振安装等。

（六）民用飞机结构抗离散源撞击设计

民用飞机在服役过程中遭受离散源撞击的危险不可避免，因此航空结构在离散源撞击下的安全性问题成为民用飞机设计中一个非常重要的问题。威胁航空结构安全性的撞击源通常可以分为两大类，一类是飞鸟、冰雹、跑道碎石等外来物，另一类是航空结构在外来物撞击下破坏形成的碎片或结构件因疲劳破坏等形成的碎片，这一类撞击源中最典型的就是发动机叶片碎片、轮胎爆裂碎片等。这两类撞击源与飞机结构相互作用是典型的瞬态及局部化过程，对于结构的影响表现在冲击载荷的幅值较高，脉冲宽度较短，撞击物和被撞目标均在高应变率下变形。一旦撞击对结构的损伤较大，将会对飞行安全造成严重影响，甚至威胁到成员的生命。研究表明，当前对民用飞机飞行安全威胁最大的撞击源是飞鸟。

随着试验技术和分析模拟技术的发展，鸟撞问题以及飞机抗鸟撞设计的研究近年来渐渐成为各国学者研究的新热点。在分析模拟技术上面，计算机技术的发展使得鸟体和结构耦合算法成为可能，耦合解法充分考虑了鸟体的惯性效应、撞击载荷与结构动态响应之间的耦合效应，能够较真实地模拟鸟撞全过程，但建立准确的鸟体力学模型难度很大。目前在鸟撞耦合解法中多采用的方法有 Lagrange 方法、ALE（arbitrary lagrangian eulerian）方法和光滑粒子流体动力学（SPH），三种方法各有优劣，但大多数情况下，SPH 方法值得推荐。同时鸟体的外形、密度以及控制鸟体力学行为的本构参数也被广泛研究。

试验研究是鸟撞研究不可缺少的一部分。目前地面鸟撞试验常用的方法是空气炮法，其中鸟体一般由活鸡代替。由于活鸡试验的重复性较差且不卫生，以某种人造鸟体代替活鸡进行鸟撞试验已成为一种趋势。国外已提出了一种人造鸟体的配方，并依据这种配方制作了人造鸟体。国内学者则利用小型人造明胶鸟体对飞机典型前缘结构进行了鸟撞实验。虽然人造鸟体可以很好地表现出鸟体的流体力学行为，但其能否准确模拟真实鸟体还需加以验证。

提高结构抗鸟撞能力的关键在于提高结构的吸能性能，近年来多胞结构材料（蜂窝、泡沫等）、金属纤维层合板（FML）以及由它们构成的夹芯结构受到广泛关注，如 Airoldi 等（2001 年）对由铝合金、蜂窝芯层及碳纤维复合材料构成的垂尾结构（图 6）进行的鸟撞试验结果表明这种结构可以较好的吸收撞击能量；西班牙的 Reglero 等（2011 年）提出一种由泡沫铝填充的抗鸟撞前缘（图 7），试验结果表明其吸能效果有明显提高；Guida（2011 年）等提到了一种夹芯前缘结构，夹芯结构两层面板分别采用 FML 复合材料与金属材料，芯层为蜂窝，试验过程中用 8 磅（3.6kg）的鸟体以 250 节（128.6m/s）的速度对结构进行撞击，结果前缘并未被击穿（图 8）；Kermanidis 等（2005 年）则提出了另一种新颖的复合材料抗鸟撞前缘结构，这种结构被用于飞机垂尾前缘外层蒙皮，复合材料板被设计成折叠在一起的形状（图 9），在受到撞击时复合材料板展开以吸收撞击能量，保护前

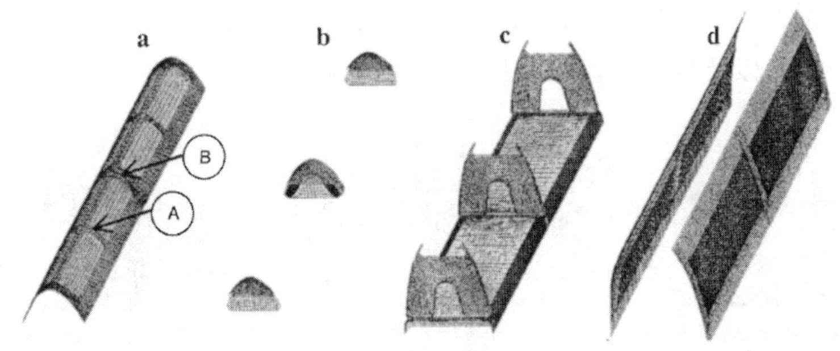

图 6　垂尾前缘结构

a. 有限元模型：铝合金前缘，b. 铝合金加强助，c. 内层碳纤维结构，d. 外层碳纤维蒙皮和蜂窝芯层

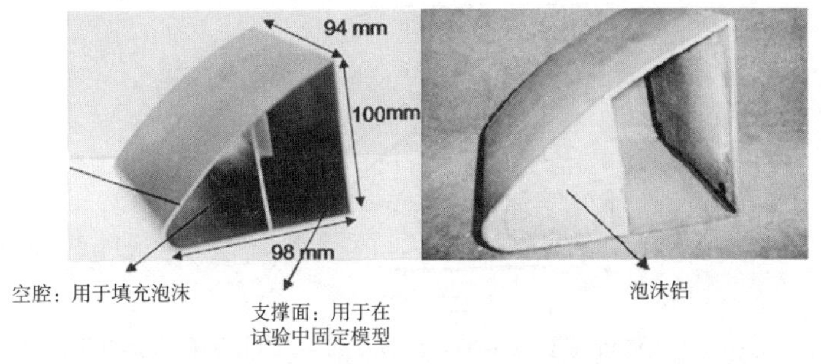

图 7　泡沫铝填充的前缘模型

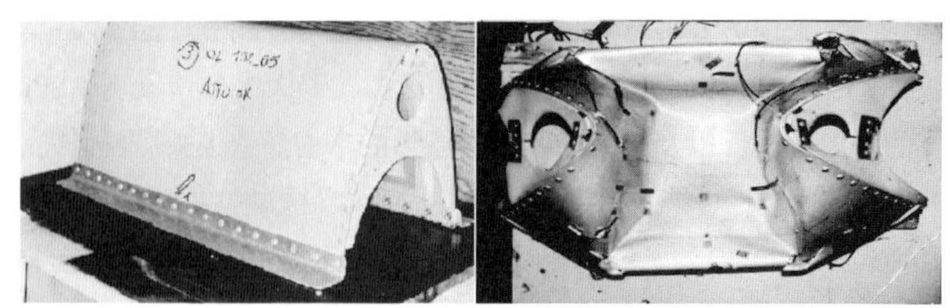

图 8　试验前后的前缘模型

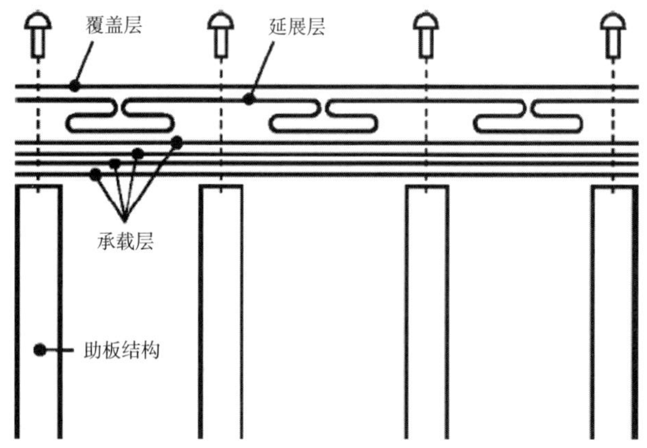

图 9　前缘结构示意图

缘内部结构；国内的李玉龙团队（2010 年）提出几种高效的抗鸟撞结构，如典型梁缘的斜板结构（图 10）以及两种典型尾翼结构（图 11 和图 12）。

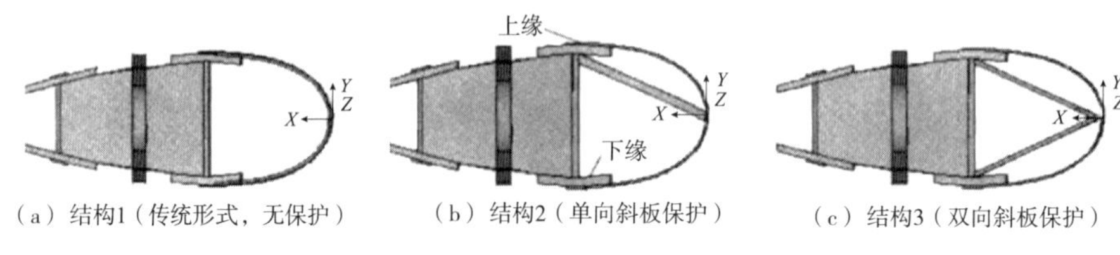

（a）结构1（传统形式，无保护）　（b）结构2（单向斜板保护）　（c）结构3（双向斜板保护）

图 10　缘结构横截面构型

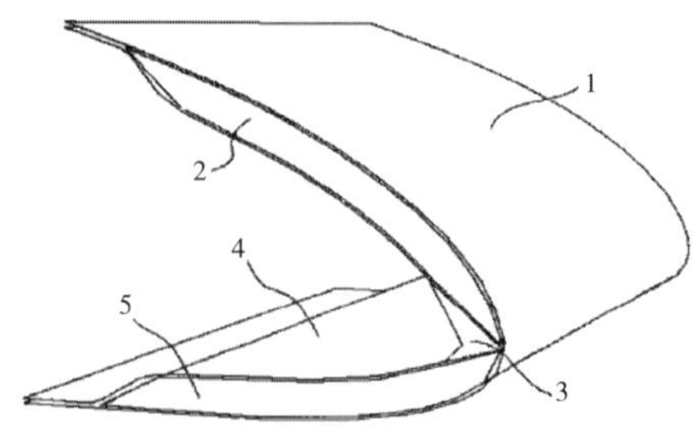

图 11　一种抗鸟撞飞机平尾前缘（专利 CN201010554079.4）

1. 平尾蒙皮　2. 上蜂窝芯层　3. 前缘加固件　4. 机翼衬层　5. 下蜂窝芯层

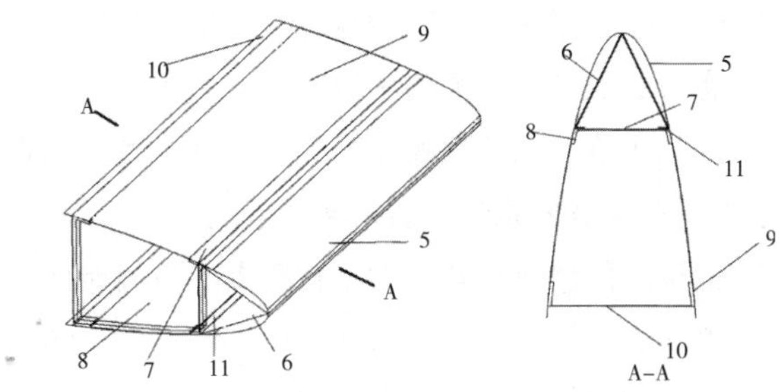

图 12　一种能够提高飞机抗鸟撞性能的尾翼
（专利 CN201110291295.9）

1）国内外抗鸟撞研究区别：在试验方面，国外进行抗鸟撞试验一般采用明胶体鸟弹，而国内试验主要采用活鸡现宰作为鸟弹。在数值模拟方面，国外主要集中在鸟体变形算法方面的基础研究，国内主要集中在应用成熟的商业软件解决工程中的实际问题。在研究方向上，国外主要集中在结构吸能方面，即研究结构的抗鸟撞吸能特性，而国内主要集中在结构设计方面，即通过合理的结构设计疏导鸟体传递给结构的能量。

2）国内外抗鸟撞研究差距：国外进行抗鸟撞研究时一般采用明胶体鸟弹，明胶是均匀体，更容易实现数值模拟，而国内主要采用活鸡现宰作为鸟弹，是一种复合材料，难以进行数值模拟，所以，在数值模拟方面，在鸟体模型的准确性上，相比国外我们有一定的差距。其次，在试验方面，尤其是发动机抗鸟撞试验方面，国外有一套完整的试验体系，包括各种口径的单管炮和多管炮，可以模拟单鸟撞击和多鸟撞击，我们国内主要有单管炮，在这方面，与国外存在差距。最后，在鸟撞适航性研究方面，国外有一整套完整的试验体系，而国内基本处于对适航条例的理解解释阶段，与国外存在一定差距。

由此可见，民机结构离散源撞击问题已成为我国民用飞机研制过程中必须面对的问题。我国自行研制的大型客机要想提高安全性及国际竞争力，在研制过程中全面开展结构抗离散源撞击设计、分析与验证已是当务之急。

（七）结构健康监测技术

飞机结构健康监测（SHM）是借助于粘贴于（或嵌入）飞机结构中的传感器网络，在线实时地获取与结构健康状况有关的信息（如应力、应变、温度、损伤、意外冲击等），诊断结构的健康状况，确定后续的维修计划，以保证飞机结构的完整性。飞机结构健康监测技术是随着老龄飞机的延寿而发展起来的多学科交叉的飞机结构完整性保障技术。

飞机结构 SHM 过程主要由 4 部分组成：①传感器网络；②信号及状态信息接收、处理、特征值提取；③损伤特征及损伤模型知识库；④损伤评定。

1）传感器技术。目前传感器监测和网络技术的研究已取得巨大进展，某些技术已在地面试验中得到应用验证，并开始探索飞行验证。在目前可应用的各类传感技术中，

FBG、压电、CVM、AE和ETFS等传感技术发展较为成熟，已从实验室演示验证走向结构地面试验验证和飞行状态下的测试。目前集中研究强电磁干扰、振动和高低温环境对各类传感器监测信号和灵敏度的影响，探索信噪比高，能准确反映结构真实状态的传感器技术。传感器技术发展的另一领域是传感器布置阵列的优化，包括布置密度、阵列、方位等，针对不同类型损伤确定适用的优化布置方案，传感器应该分布在结构关键部位并进行优化以便能足够灵敏地监测初始破坏。对于嵌入式传感器要不影响结构本身的性能，而如何与工艺匹配、封装、布置等方面的问题处于实验室研究阶段。

2）信号采集、处理和特征信号提取技术。信号处理技术主要有时域分析、频域分析、时频域分析和模态域分析等方法，这些信号处理技术都获得了很大进展，这些信号的采集、处理技术大部分已得到了实验室演示验证，有一些在飞机结构地面试验中进行了验证，但在信号处理和特征信号提取技术方面，需要继续探索，以便找到既能反映结构真实损伤状态又适于工程应用的特征信号处理及提取技术。

3）损伤特征、损伤模型知识库和信息处理技术。按积木式的方法，由试样、元件SHM监测试验建立损伤基本特征信号数据库，通过细节件、组合件等逐级试验来考虑连接形式、部位、几何尺寸和环境等因素对信号的影响，进而得到实际可应用的损伤特征数据库。模式识别是将检测的结构参数与结构的各种工作模式和各种损伤模式进行比较对照，以明确给出结构的真实状态；人工神经网络可以实现模式分类、函数逼近和自适应滤波等功能，其中小波神经网络是近年发展起来的适用于主动监测的信息处理方法；对于大型结构的健康监测需要同时使用多类型、多数量的传感器，每个传感器获得的信息都是局部的和不完整的，该技术对不同传感器的工作和数据传送进行协调、管理，对各功能模块的信息进行协调、融合，以确定大型结构真实的健康状态。目前知识库的建立仅仅处于初期积累阶段，信息处理技术仍处于理论研究及实验室演示验证阶段。

4）损伤评定。利用损伤特征及损伤模型知识库、信息处理技术确定结构健康状态及损伤类型、位置和尺寸，然后利用软件分析包评定结构的完整性，预估剩余强度和剩余寿命，确定维修方案（不修理或马上返场修理或定期修理或更换部件等）。

国外传感器技术已取得很大进展，其中FBG、压电、CVM、AE和ETFS等传感技术发展较为成熟，已从实验室演示验证走向结构地面试验验证和飞行状态下的测试。目前在研究抗电磁干扰、抗振动、高耐久性、高信噪比和适用于高低温环境的小型化、集成化的传感器技术。其中Smart Layer智能夹层、CVM、FBO等已形成商业产品。在信号处理技术方面也已研制包括软硬件的健康监测设备。欧洲和美国都制订了飞机结构SHM技术发展规划，建立了各种学会或学术交流机制（两年一次的结构健康监测国际会议、欧洲会议、亚太会议等），如欧盟第6框架支持的项目SMIST（structural monitoring with advanced integrated sensor technologies）重点研究将最好和最先进的传感器技术变成飞机结构的集成部分，以便将结构健康监测技术实施于飞机结构的设计中，降低维护成本。空中客车公司将结构健康监测技术发展划分为四代：第一代实现结构试验中的应用，结构分析和结构试验将从中受益。第二代实现航线飞机中应用，监测系统为离线监测模式，2009年完成。

飞机航线维护将从中受益。第三代实现航线飞机应用，监测系统为在线模式，2013 年完成，结构部件的减重和飞机检测维护将从中受益。第四代实现航线飞机应用，为全集成传感器系统，2018 完成，全机的结构减重和飞机维护将从中受益。

在 SHM 技术应用方面，欧洲对台风战机使用 SHM 系统完成了实时的疲劳计算，确定了机体已消耗寿命，并对结构发生的重要事件和飞行性能完成了监测。EF2000 的 SHM 系统主要在线收集所测量的飞机信息，用于预计飞机结构的剩余疲劳寿命，又增加了采样速率并考虑了过载的影响。英国的 BAe 延寿项目利用 SHM 系统，使寿命延长 50%，从 8000 飞行小时延长到 12000 飞行小时，EF-18 主要是利用结构几个关键疲劳部位的应变数据。空客公司已经完成了某些子系统在地面全尺寸疲劳试验中的耐久性试验，如在 A380 全机疲劳试验中验证了 ETFS、CVM、AE 等传感器监测系统的耐久性，正在进行的 A320 MSN01 等飞机上进行飞行状态的传感器耐久性试验和系统测试试验。美国洛克希德 - 马丁公司已成功地将 Bragg 传感网络用于 X-33 箱体结构件的应力和温度的分布监测。波音公司在 777 地面全尺寸结构疲劳试验中验证了声发射监测技术，在 Delta 767 上进行了湿度监测研究。另外，以波音 -737、波音 757 机型为对象，对如何发展符合 FAA 适航要求的结构健康监测系统进行了专门论证和研究，并制订了健康监测技术应用发展的 5 个阶段。首选发展的传感器技术包括 FBG、EFPI、湿度传感器等。在波音 787 上，C Ⅵ vI 和 SAMRT LAYER 监测系统正在进行飞行测试。日本不仅研制了可嵌入的直径 50m 的 FBG 光纤，而且在复合材料机翼盒段的耐久性试验中利用 FBG 监测应变场变化和冲击损伤。

国内 SHM 技术发展方面，国家自然科学基金委员会最早于 1991 年将智能材料与结构技术列为国家高技术研究发展计划纲要的新概念构想探索课题，这其中就包含结构健康监测技术的研究，从那时起，我国的一些高等院校就紧紧跟踪国际先进水平，至今已开展了十多年的研究。目前关于结构健康监测技术理论、传感技术方面的研究主要集中在高校，其中东南大学、重庆大学的研究主要集中在民用工程应用方面；南京航空航天大学主要集中于压电扫查监测技术、哈尔滨工业大学集中于光纤光栅传感技术、西北工业大学集中于振动响应监测技术、西安交通大学集中于智能涂层技术等。在 SHM 技术应用方面，国内已在飞机结构的地面验证试验中成功应用了声发射监测技术，SHM 技术在航空结构的应用基础和应用研究开始于 2000 年。目前，中国飞机强度研究所联合沈阳飞机设计研究所和南京航空航天大学在无人机机翼复合材料盒段结构的地面试验中，进行了 FBO 和主动压电传感技术损伤监测的应用探索研究。在盒段内部帽型加筋中布置 6 个 FBG 传感器，在上蒙皮布置了 16 个压电传感器阵列，监测了帽型突缘的应变随载荷的变化及复合材料盒段损伤起始、扩展，直至破坏的全过程。中国飞机强度研究所利用压电和声发射等传感技术监测了复合材料共固化 T 型加筋界面脱粘的起始、扩展到破坏的全过程。设计了不同突缘长度、厚度和不同面板厚度的几种刚度搭配的 T 加筋。提取了与界面脱粘相关的信号能量和峰值等特征信号，探索并建立了能量损伤指数（EDI）和峰值损伤指数（ADI）等脱粘判据。已经基本具备开展飞机结构健康监测技术的应用研究的条件。

与航空发达国家相比，我国在飞机结构 SHM 技术研究和应用方面仍存在较大差距，具体表现在以下几个方面：

1）欧洲第一代 SHM 技术已经完成地面测试验证，正进行第二代在役飞机离线测试验证。我们认为，国内的总体技术水平落后于国外先进水平 10 年左右。

2）美国和欧盟最新的波音 787、A380 飞机已经计划采用 SHM 技术降低飞机运营维护成本和提高飞机安全水平，有完整的 SHM 发展计划。国内尚未有大的项目支持飞机 SHM 技术的发展和应用。

3）美国发展的基于压电的 SMART LAYER 技术，已经形成产品，并开始在航空波音 787 等型号上进行应用研究。国内虽发展了同类技术，但性能指标还有较大差距，并且缺乏在工程应用方面的研究。

4）国外已积累了大量结构损伤信号识别诊断的数据。而我国尚未开展这方面的系统研究。

此外，在推动 SHM 技术的发展和应用方面，国际上已专门成立了 SHM 航宇工业执委会，核心成员包括 Airbus、EADS、Boeing、Bombardier、Lock-heed、BAe-systems 等，针对各种飞机平台，负责指导和推荐健康监测管理的使用，以期改进改善运营和优化维护计划使用。我国尚未建立相应的组织机构，也未加入该国际组织。

尽管国内飞机结构 SHM 技术近年来获得了较大进展，但到目前为止，还没有达到在飞行状态下直接监测关键部位状态及大面积监测各类损伤的水平。

（八）飞机结构强度虚拟试验技术

结构虚拟试验技术是指能够预测结构破坏能力的评估飞行器结构强度的数值分析技术，该技术适于金属材料和复合材料，适用于结构的准静态和动态响应，包括环境（如热）对结构性能的影响。

近年来，美国波音公司建立了协同虚拟试验（collaborative virtual testing，CVT）平台 GENOA 和积木式的虚拟验证方法，采用虚拟试验技术对 X-37 设计寿命性能进行了评估。GENOA 是一个多层次、多尺度（微观、宏观）复合材料结构破坏分析真软件，可以对结构进行渐进式损伤破坏过程模拟。美国 Collier 公司和波音公司、NASA 兰利研究中心也开发了一个基于高保真破坏分析方法的软件 HyperSizer，该软件以 MSC.Nastran 或其他有限元分析软件作为设计验证的工具，将局部破坏分析与全尺寸有限元结构分析相结合，确定结构可能的破坏模式，改进了传统强度分析过程。Lockheed Martin 公司利用该软件进行“分析验证”项目以减少试验中的非预见性破坏。波音公司在波音 787 结构设计与验证时，采用了非确定性设计方法，以达到减轻结构的重量，降低试验成本的目的。在欧洲空客公司，结构虚拟试验已成为结构分析的一部分，并已取得了巨大的成就。随着硬件和软件性能的不断改善，短期和中期效益已逐步凸现。但同时也存在一些不足，如可靠性需要进一步验证，信心需要进一步增强，改善性能仍需要增加时间和成本，对每一个领域（材料性能、破坏准则）仍需改善细节和基本的仿真建模方法 / 技术。空客公司虚拟试验的愿景是：将现在飞机认证试验的两架全尺寸飞机（一架静力、一架疲劳）试验，通过虚拟试验认证，逐步发展到一个分析模型和 1 个多功能的试验。涉及的主要问题是将静力和疲劳试验相结合，以验证飞机整体虚拟试验模型；发展建模方法，将固有的材料和技术特征与几何数据相分离（有利于理解和建立复合材料 / 层压板的损伤模型，进行复杂组合体的疲劳分析）；能够在不同学科间进行信息交换，使飞机设计与试验的组织结构合理优化；开发虚拟工具，实现对于如性能折中、成熟度评价等的虚拟。

目前由于分析模型不能完全模拟结构细节的不确定因素，如材料分散性、制造缺陷、工艺误差、装配间隙等，一些结构破坏机理还未完全弄清楚，因此，虚拟试验远不能完全脱离常规结构试验，还只能通过静力试验才能准确地和安全地完成机体静强度验证。机体外载荷、内力和产生应力的分析确定，受到所提供的分析方法、所使用的假设以及通常所要求的简化的限制。迄今为止，还难以证明这些分析确定能够达到飞机全机不做静力试验的程度，全尺寸极限载荷静力试验目前是不可能被取消的。

三、展望与对策

（一）结构设计技术

针对未来民用飞机的技术需求，国外通过实施一些大的研究计划来提高民用飞机的结构设计水平，不失为一种特别有效的手段。国外实施结构综合验证计划是结构技术得以迅速发展的最好途径，其研究思路值得借鉴。建议我国在发展民机结构时，一是有必要通过低成本复合材料主结构技术研究与综合演示验证，轻质、长寿命机体结构技术研究与综合演示验证，飞机噪声控制及抗声疲劳设计和试验验证等综合计划的实施，来建立我国完整有效的结构强度技术发展体系。二是要系统地研究新材料、新工艺和新结构，按照“积木式”结构设计和试验验证理念，完成从试片、元件、构件、组合件到部件的积木式试验验证全过程，打好基础。此外，可以通过虚拟验证减少不合理的或可以不做的试验，以缩短飞机研制周期、降低研制成本。三是加强结构强度基础和前沿技术研究，特别是飞机结构强度规范的研究、强度数据库的建立和结构新技术的探索和应用。

（二）结构试验技术

结构强度试验技术是一个长期的技术开发和技术积累的过程，在吸收国外飞机制造商先进的试验技术的同时，更需要国内飞机制造商和科研部门通力协作，开发具有自主性的先进试验技术。一方面进一步规范现有成熟的试验技术，对其进行必要的整理和加工，形成适应于现代飞机结构设计研制工作中所需建立的试验规范与标准。另一方面，针对当前和未来大型飞机、新型飞机研制或审定中所需的关键试验验证技术，继续开展技术攻关，为型号研制中强度演示验证储备技术。

（三）结构动强度设计

飞机动强度设计涉及复杂的理论分析技术和试验验证技术，我国在这方面的能力特别是动强度试验能力和规模仍远远不能满足我国未来飞机研制的需求。今后飞机动强度的课题和新的试验技术的研究方向为：

（1）飞行器结构动力学设计和全机地面振动试验技术；

（2）飞机起落架动力学设计和动力学模拟试验技术；

（3）飞行器离散源撞击损伤、战斗损伤和适坠性设计及试验验证技术；

（4）飞行器结构动态疲劳强度设计；

（5）振动控制技术等。

（四）结构耐久性和损伤容限技术

结构耐久性和损伤容限技术是一个长期的实践与技术的积累，一方面，需要建立起典型飞机构件细节的耐久性 / 损伤容限综合理论分析方法与数值计算模型及其分析技术，另一方面，需要开展大量的先进结构材料、先进工艺以及先进结构形式的耐久性 / 损伤容限特性的试验研究，形成综合性分析、设计与试验验证的体系与方法。

（1）深化研究飞机全尺寸疲劳加速试验技术；

（2）发展基于三维疲劳断裂理论的三维或准三维耐久性 / 损伤容限分析技术；

（3）研究新一代三维混合模式的断裂力学和损伤容限分析评估技术；

（4）研制断裂力学分析软件和飞机结构耐久性 / 损伤容限分析评估软件；

（5）发展飞机广布疲劳损伤评估方法和技术，完善飞机结构损伤容限评估体系。

（五）结构动态疲劳问题

结构的振动疲劳分析问题涉及多门前沿学科领域的交叉和融合，是一项极富挑战性的课题。进一步的深入研究可以沿以下几个方向开展：

1）结构振动疲劳破坏机理和影响振动疲劳的因素。结合工程实际，全面考虑各种影响因素（比如材料本质、结构工作环境、零件几何形状及表面状态等），探讨材料、构造形式、工艺以及缺陷和应力集中的影响，并针对结构的抗振动疲劳进行优化设计。这其中也包括振动环境的测量和分析技术，以及振动疲劳试验技术。

2）对于一些特定结构而言，如飞机副翼、平尾等不仅受到扰流的作用而产生随机振动激励，而且始终处在高强噪声（发动机噪声、气动噪声）的包围中，研究高强噪声环境下结构振动疲劳技术对未来高超音速飞行器的壁板设计具有重要的工程意义。

3）航空航天飞行器上大量采用薄壁结构，在工作时承受着热载荷、强噪声载荷和机械力载荷所产生的高频振动应力，长期暴露在高温、强噪声环境下，载荷对结构的复杂影响导致结构以非线性方式响应，呈现出复杂的响应特性。开展声－热多场复杂力学环境下结构疲劳分析，是一项应用前景广阔的研究课题。

（六）民用飞机结构抗离散源撞击设计

从国内外飞机结构离散源撞击问题的研究状况来看，以下几点值得今后关注。

1）材料动态力学性能、本构模型及动力学失效判据。能够较好的预测撞击物（离散源）及典型结构材料的应变率相关力学性能参数、动力学本构模型及破坏判据是进行结构离散源撞击过程数值模拟的前提条件之一。

2）结构离散源撞击非线性动力学数值仿真技术。离散源撞击是一个极度非线性、大变形的动态破坏问题。由于结构复杂，所以材料模型、仿真技术等都将是抗撞击设计的关键问题之一。其中主要包括结构的简化、边界条件、离散源模型、数值模拟方法的有效性验证等。

3）结构离散源撞击地面模拟试验方法。离散源撞击地面模拟试验是结构抗撞击设计中的关键问题之一，模拟试验准确性关系到对设计及数值仿真结果有效性的准确评估。其中主要包括试验方法的合理选择、离散源发射技术、结构简化及边界支撑条件的实现等。

（七）结构健康监测技术

飞机结构应用SHM技术的最终目的是损伤监测后，即评定损伤对结构完整性的影响，预估已损结构的剩余强度和剩余寿命，预期对执行飞行任务的影响，确定维护方案，SHM技术就是朝着这个目标发展。首先是SHM系统本身的技术发展，其次是被监测结构的无损评定技术（NDE）的发展，最后是针对被监测的不同用途的飞机结构，组合相应的SHM系统，并与结构集成，使其成为结构的一部分。因此SHM技术今后的发展趋势主要集中于以下几个方面：

1）针对不同类型的损伤，研制高灵敏度、高检出概率（POD）的传感器，对各类传感器确定其适用的损伤类型及对不同材料（金属、复合材料）、不同结构形式（层板、加筋壁板、机械连接、共固化／共胶接等）、不同载荷类型（拉、压、弯、剪或组合）、不同使用环境（高温、低温、湿度等）的最大POD值，制定POD确定标准，研制至少与监测结构同寿的高可靠性的小型化嵌入式传感器等。

2）开发高速、有效的信号采集、处理和传输技术，及确定不同类型损伤的特征信号及快速提取技术。

3）现代飞机多为金属/复合材料混合结构，为保证结构的完整性，对不同材料的不同类型的损伤确定最低的 POD 值要求，即确定哪类损伤、出现在哪个结构部位、损伤多大时会出现哪类模式的破坏，开发工程实用的信息处理技术。

4）制订 SHM 系统的评定标准，开发评定技术。

同时，学术界和工业部门应当加强对 SHM 技术基础及应用研究的广泛协作，制定统一的发展规划和学术交流机制，促进我国飞机 SHM 技术研究和应用的快速发展。

（八）飞机结构强度虚拟试验技术

按照飞机结构完整性大纲要求，飞机结构强度虚拟试验应先从飞机结构静强度、耐久性/损伤容限、动强度和热强度等方面入手，重点开展飞机结构强度积木式虚拟试验相关技术和方法研究，为飞机设计提供结构强度虚拟试验的标准（指南）和平台。首要任务是突破虚拟试验的若干关键技术。

（1）稳健的多尺度虚拟试验建模、渐进式破坏模式、基于概率的结构分析方法、典型结构破坏模式及判据数据库等；

（2）为适应飞机数字化设计的需要，对设计已赋予材料特性的三维数字样机进行强度虚拟评估，需要解决 CAD-CAE-CAT 各软件之间的衔接问题；

（3）为辅助真实飞机结构试验，优化设计试验方案，检查试验方案的可行性，需要将仿真试验与真实试验相结合，保障验证试验成功，取得最佳综合性能效能。

参 考 文 献

［1］董登科，闫文伟，陈先民等. 民用飞机新型轻质结构设计技术发展现状［J］. 结构强度研究，2012（1）：1-8.

［2］任晓华. 航空制造技术发展趋势［J］. 航空科学技术，2010（3）：2-5.

［3］朱广荣，宋春艳. 民用飞机结构动力学设计分析与适航验证技术［C］. 第十届全国振动理论及应用学术会议论文集（下册），2011：1119-1129.

［4］董登科，弓云昭，王俊安. 民用飞机结构耐久性/损伤容限分析和试验技术研究［J］. 结构强度研究，2011（2）：7-14.

［5］王生楠，郑晓玲. 运输类飞机防止广布疲劳损伤的新规章解读［J］. 航空学报，2010，31（9）：1758-1768.

［6］翟洪岩. 飞机结构振动疲劳问题研究［J］. 科技信息，2011（31）：137，196.

［7］张钊同，张万玉，胡亚琪. 飞机结构振动疲劳分析研究进展［J］. 航空计算技术，2012，42（2）：60-64.

［8］刘文光，陈国平，贺红林，等. 结构振动疲劳研究综述［J］. 工程设计学报，2012，19（1）：1-8.

［9］陈园方，李玉龙，刘军，等. 典型前缘结构抗鸟撞性能改进研究. 航空学报，2010，31（9）：1781-1787.

［10］李玉龙，石霄鹏. 民用飞机鸟撞研究现状［J］. 航空学报，2012，33（2）：189-198.

［11］孙侠生，肖迎春，张积广，等. 飞机结构健康监测技术进展及发展趋势［J］. 结构强度研究，2009（1）：1-9.

[12] 袁慎芳，邱雷，吴键，等. 大型飞机的发展对结构健康监测的需求与挑战 [J]. 航空制造技术，2009（22）：62-67.
[13] 孙侠生，段世慧. 飞机结构虚拟试验与认证方法的发展趋势 [J]. 计算机测量与控制，2009，17（5）：813-816.
[14] 支超有，唐长红. 现代飞机系统虚拟试验验证技术发展研究 [J]. 航空科学技术，2010（6）：25-28.
[15] 杜承烈，陈进朝，尤涛. 虚拟试验软件平台技术的研究与展望 [J]. 计算机测量与控制，2011，19（3）：490-492，530.

撰稿人：王生楠

涡轮/冲压组合动力技术发展研究

一、引言

高超声速飞行器被誉为是继螺旋桨和喷气式飞机之后世界航空史上的第三次“革命”，也是21世纪航空航天领域的技术制高点，开展高超声速飞行器研究具有前瞻性、战略性和带动性，将对军事、经济和人类社会文明产生不可估量的深远影响。

军用高超声速飞行器（包括导弹、无人机和有人驾驶飞机）可以高速突防并飞离战区，使作战空域显著扩大，安全性大大提高，反应速度得到极大提高，是用于战略轰炸、远程精确打击、实时侦察、战场信息监视的理想武器平台，对于防御力量很强的潜在对手具有很大的战略威慑作用。高超声速巡航导弹、高超声速飞机等新一代杀手锏武器的研制，将使我军具备突破以战略导弹防御系统为核心的全维防护体系、有效打击作战部队、海外基地和重要战略目标的威慑能力和实战能力，将为我国提供全球快速到达、自由进出空间的手段。

高超声速民用飞行器作为洲际客机，可在2 ~ 3小时内飞到地球上任何地点，将带来民用航空运输的一场革命。同时，在高超声速飞行器基础上发展的空天飞机，以及可重复使用天地往返运输系统，在快速发射和低成本入轨等方面也具有明显的应用前景，将提升航空航天运输能力和空间支持能力。

动力装置是能否实现高超声速飞行的主要关键技术。为了兼顾安全性、经济性和作战效能的综合要求，高超声速飞行器的飞行包线十分宽广（高度0 ~ 40km或更高、飞行马赫数从亚声、跨声、超声速扩展到高超声速），这就要求其动力装置在如此宽广的飞行包线内长航程、重复使用中能够稳定可靠地工作，具有高的单位推力和比冲，同时还要满足一定的环保（噪声、排放等）要求。显然，目前任何一种单一类型的发动机都不能满足上述要求，必须积极发展组合动力。可以说，没有先进的组合动力装置，要研制成功高超声速飞行器是不可能的。

组合动力的方案和类型很多，从性能、费用、安全和技术可行性等方面考虑，吸气式发动机的火箭基组合循环（RBCC）和涡轮基组合循环（TBCC）是目前最有希望的高超声速飞行器组合动力，其中TBCC由于涡轮发动机在马赫数为0 ~ 3范围内具有高比冲的特殊优势，尤其得到了广泛的关注和重视。

TBCC 由燃气涡轮发动机（也称为涡轮加速器）和亚 / 超燃冲压发动机组成，与 RBCC 相比，具有可常规起降、可使用普通机场、多次重复使用、用途广泛、耐久性高、安全性好、可使用普通燃料、经济性好、环境污染小、技术风险小等特点。既可作为可重复使用空天入轨飞行器起飞 / 返航的低速段推进动力，也可作为各类高超声速飞行器，尤其是远程、有人驾驶高超声速飞行器的起飞加速和低速段推进动力，还可单独作为超声速及高超声速军民用飞行器动力，具有很好的工程应用前景。

本报告重点对国内外涡轮冲压组合动力技术的发展历史、现状以及国内外的技术差距进行阐述和分析。此外，针对涡轮冲压组合动力技术的发展趋势给出若干建议，并指出具有挑战性的研究内容。

二、发展现状

（一）国外发展现状

1. 美国[1-14]

高超声速飞行器除考虑可用于发展低成本高可靠性的空地运输工具外，还可发展大气层内飞行的高速运输机、巡航导弹和其他军用飞机。在高超声速飞行器上使用吸空气发动机的初衷是提高发动机的比冲。图 1 给出了各种类型发动机的比冲随飞行马赫数的变化。从图上明显可以看出，火箭发动机比涡轮喷气发动机在地面发射状态的比冲（推力与单位时间消耗的推进剂之比）至少低一个数量级，其结果是飞行器本身必须携带大量推进剂，使起飞总重大大增加。为了降低起飞总重以降低成本，很自然提出了使用吸空气喷气发动机的方案，以便在大气层内飞行时利用空气中的氧气作为氧化剂。

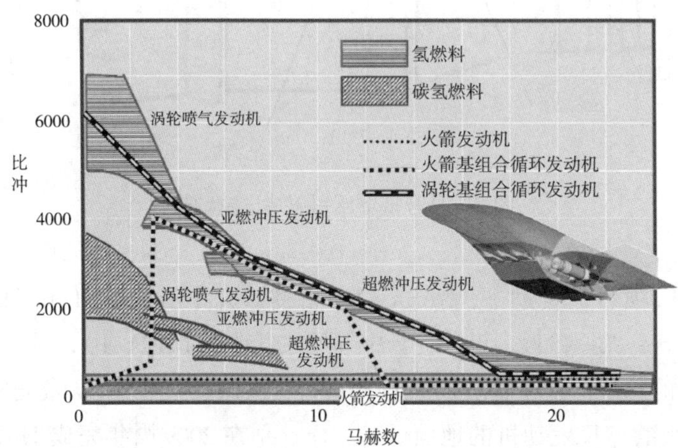

图 1　各种类型发动机的比冲发动机随飞行马赫数的变化

由于涡轮喷气发动机有很长的使用经验，美国在最初考虑使用吸气式发动机作为高超声速飞行器动力时，首先想到的是以燃气轮机为基础的组合循环发动机（图 2）。长期以来，燃气轮机工作的最大飞行马赫数不超过 3，加之相对于火箭发动机，燃气轮机结构复杂，所以研究 TBCC 的兴趣转向 RBCC。随着对航天器研究的不断深入，同时考虑多次重复使用、提高安全性、可靠性、降低成本和在大气层内高超声速飞行的多种需求，TBCC 方案近年来又被重新重视。美国的 ASTP 计划特别强调第三代空天飞行器重复使用的要求，并要求能像飞机一样在大气层内飞行，使用一般机场起飞和着陆。在飞机上使用了接近 60 年的燃气涡轮发动机具有极高的可靠性和使用经验，在低速段（在马赫数 3 以下）与其他类型的发动机相比，比冲性能方面具有突出的优点，加之美国具有超声速侦察机 SR–71 动力 J–58 发动机的使用经验，因此以燃气涡轮发动机为基础组成组合循环发动机（TBCC）有很好的发展前景。在 ASTP 计划中，从 2001 年开始，NASA 与通用电气公司和艾利逊先进发展公司等签订合同开发革新的涡轮加速器 RTA，同时还与波音公司签订合同，开发以 RTA 为动力的空间飞行器。1999—2000 年间，在 TBCC/RTA 项目支持下，针对波音和洛克西德–马丁公司提出的几种马赫数为 4 一级的飞行器对推进系统的需求，通用电气发动机公司、艾利逊先进发展公司和普惠发动机公司对涡轮 / 冲压发动机进行了详细研究，提出了一种中等尺寸的 TBCC 验证机方案，并认为在满足可维护性、费用和安全性指标的前提下，全尺寸的发动机推力可达到 45360kg。

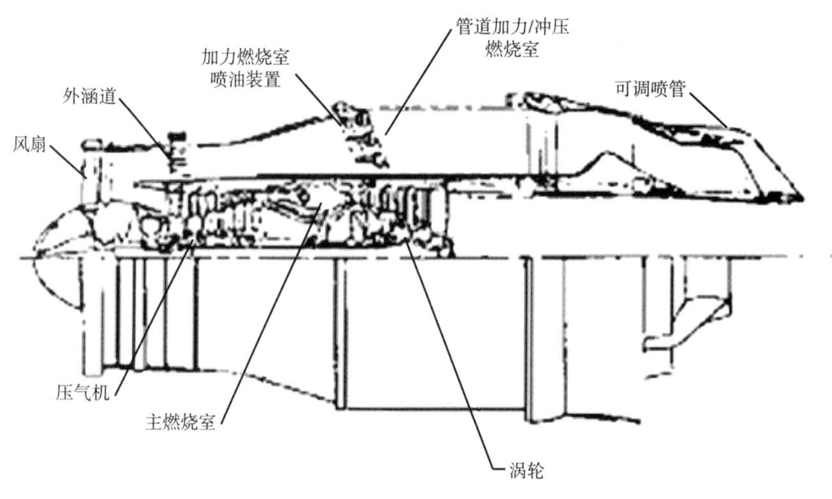

图 2　马夸特增压引射冲压发动机

在 TBCC/RTA 项目的资助下，NASA GRC 格林研究中心、AFRL 和 GEAE 的研究工作分两个阶段进行：第一阶段，设计一台中等尺寸发动机（RTA–1），对可能使用的先进技术进行系统级的验证，原计划在 2006 财年进行首次试验。第二阶段将进行马赫数为 5、推重比为 15 一级的缩尺发动机的地面试验，原计划在 2009 财年完成 TBCC 和 RBCC 推进系统的技术对比研究，并根据研究结果将在 2016 财年实施。GEAE 将在原有 YF120 发动机部件的基础上，集成部分新的部件，形成低成本、多用途的马赫数为 4+ 技术验证机 RTA-1（图 3）。

RTA-1 涡扇发动机将采用常规的加力燃烧技术，产生足够的推力将飞行器加速到马赫数为 3。通过采用变循环技术，RTA-1 在海平面静止起飞到马赫数为 2 工作在高风扇压比模式，然后过渡到低风扇压比模式，直至达到马赫数为 3（图 4）。马赫数大于 3 后，冲压燃烧室从常规的加力工况过渡到冲压工况，继续加速到马赫数为 4+。在从马赫数为 3 到马赫数为 4+ 的过程中，涡轮发动机减速到风车转速，在进口温度最高的条件下，减小了转动部件的机械载荷，从而延长部件寿命。在 RTA-1 的设计中，有大量的技术难点纳入了考虑的范围：在从起飞到马赫数为 4+ 的飞行过程中，涵道比变化范围达到 10 倍的量级，需要设计新的风扇和核心驱动风扇级，并使得总压比与 YF120 相比有所下降；风扇、核心机和冲压燃烧室特性必须在宽广的工作范围内达到匹配，同时还需要冲压燃烧室的性能适当；从加力到冲压的转换需要复杂的燃油系统和冲压燃烧室结构；由高马赫数引起的高进口温度需要热管理系统来保护发动机构件和轴承等。

RTA-2 将采用 VAATE 通用核心机计划和 UEET 高效发动机计划中发展的新技术，原计划到 2015 年，推重比达到 15 以上，工作马赫数达到 5+，与 J58 相比，部件寿命将是它

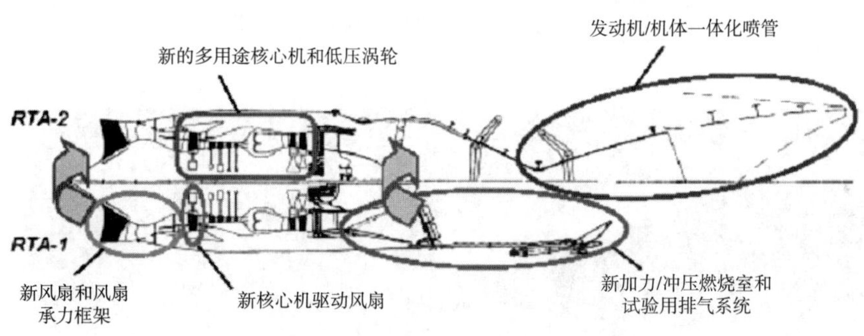

图 3　RTA-1 革新涡轮加速器

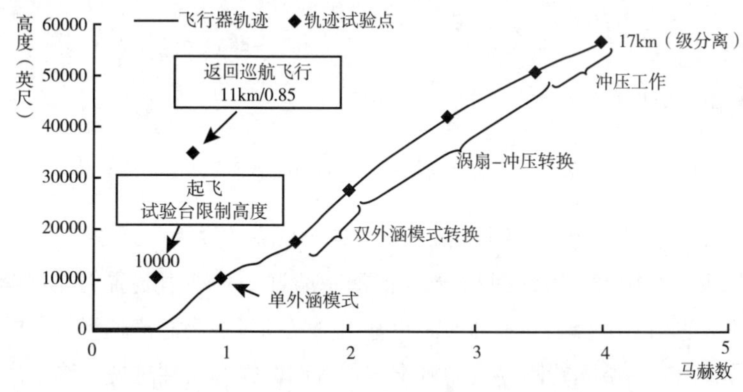

图 4　RTA-1 发动机在飞行轨迹上的地面试验点

的 4 倍，维修工作量大大降低，可靠性达到现代民用航空发动机的水平。

图 5 是 RTA 在 X43B 上进行飞行试验的上下安装布局。图 6 是波音公司专为 RTA 设计的两级入轨飞行器方案[9]。第一级以 RTA 为动力用碳氢燃料，将航天器加速到马赫数为 4+ 后第二级脱离，以火箭基组合动力继续加速入轨。第一级运载机为无人驾驶，驾驶员和乘员在第二级内，发射时可以控制运载机，第二级脱离后，运载机无人驾驶返回目的地，加油并装载新的第二级航天器后又可起飞。第一级还可作为运载工具，将第二级航天器转场。

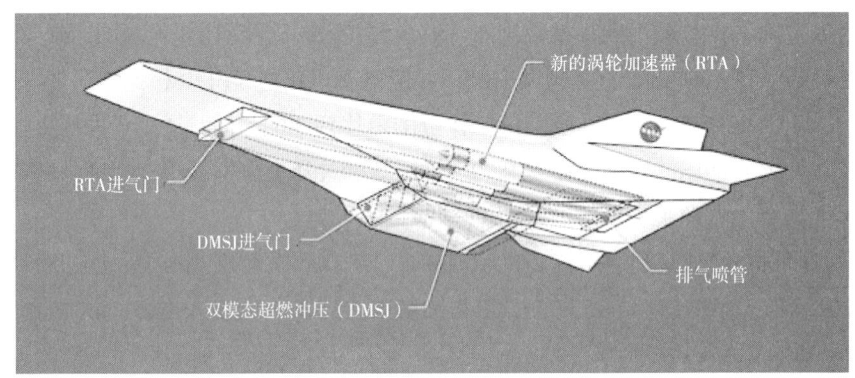

图 5 RTA 在 X43B 上进行飞行试验的上下安装布局

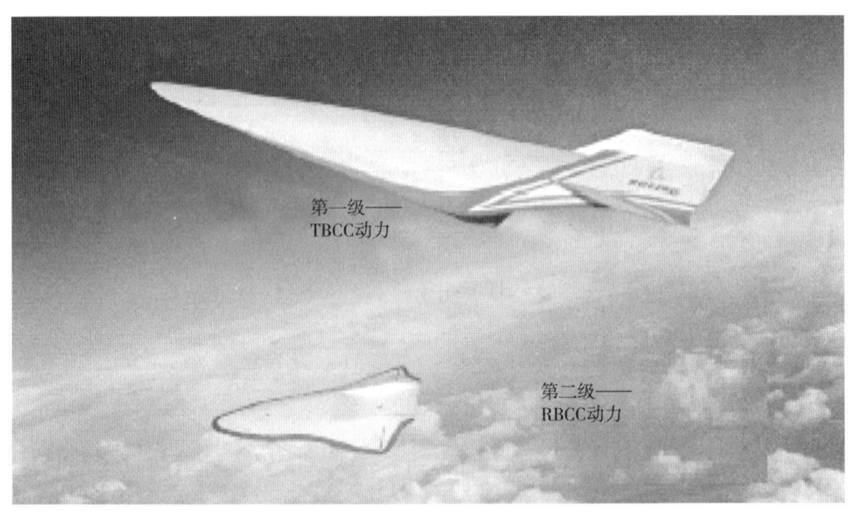

图 6 波音公司专为 RTA 设计的两级入轨飞行器方案

然而，或许出于研究经费限制或瓶颈技术难于攻克的原因，近 5 年来关于 RTA 研究进展的报道较少。2010 年，X51 进行 100s 的演示验证中，动力装置仍然选择火箭助推 + 超燃冲压发动机的动力组合。为了加速涡轮基组合发动机在高超声速飞行器中的验证与应用，考虑到马赫为 4 一级涡轮喷气发动机难于在近期取得实质性进展，波音公司和 Aerojet 公司联合推出了基于现有涡轮喷气发动机技术水平的“三喷气”组合循环的替代方案。图

7 给出了“三喷气”组合循环的示意图。该循环实际上是涡轮基组合循环和火箭基组合循环的结合体，由一台马赫数为 2.5 涡轮喷气发动机，一台火箭引射冲压发动机和一台双模态超燃冲压发动机并联组合而成。[12]

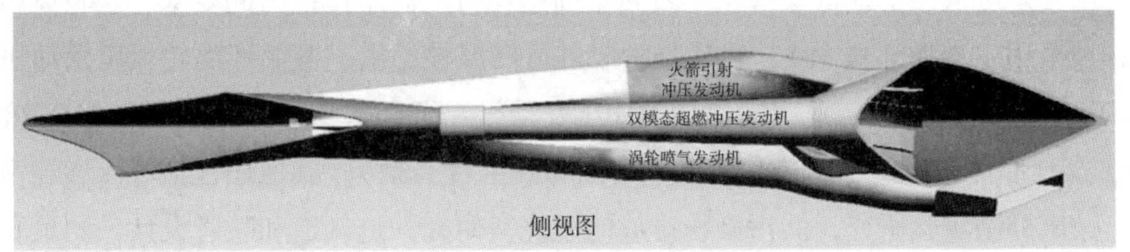

图 7 “三喷气”组合循环三维造型示意图

图 8 给出了“三喷气”组合循环不同模式工作范围的示意图。涡轮喷气发动机的工作范围为 0 ~ 2.5，火箭引射冲压发动机的工作范围为 0.8 ~ 4.0，主要弥补涡轮喷气发动机在跨声速区域以及双模态超燃冲压发动机在低效率工作马赫数范围内的推力空缺。[13, 14]

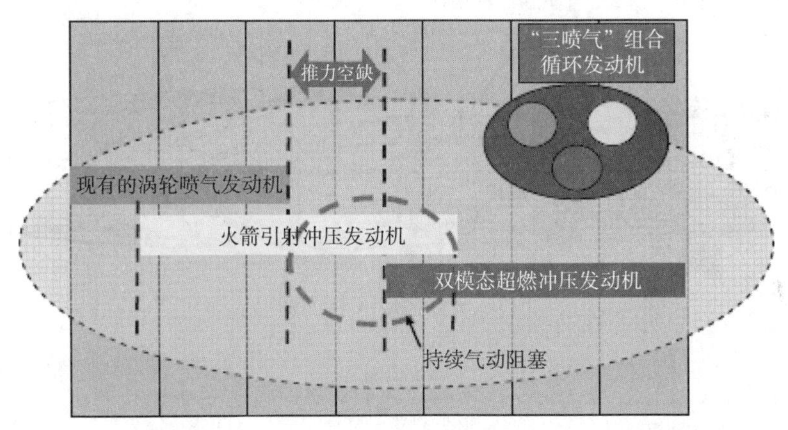

图 8 “三喷气”组合循环不同模式工作范围示意图

2. 日本[15-19]

日本在高超声速客机发动机研制方面也不甘落后，制订了高超声速运输机的 10 年研究计划（Hypersonic Transport Propulsion System Research，HYPR），目的是为了研究和验证高超声速运输机（巡航马赫数为 5）的推进技术。该计划始于 1989 年，由日本国际贸易与工业部的工业科学与技术研究所（AIST）牵头，参与研制计划的除日本 3 家公司和政府下属的 4 个实验室外，还联合了美国的通用电气公司（GE）飞机发动机部（GEAE）和普拉特 · 惠特尼公司（P&W）、英国罗尔斯 · 罗伊斯公司（RR）和法国斯奈克马（SNECMA）公司。在 HYPR 的 10 年研究和发展计划中，首先进行了组合循环发动机的方案论证，选定发动机的设计参数，采用涡扇发动机和冲压发动机共轴前后串联的组合循环结构方案（其中，涡扇发动机工作范围从起飞到马赫数为 3；冲压发动机从马赫数 2.5 开始工作，最大飞行马赫数达到 5，并在马赫数 5 下保持长时间巡航飞行。为了满足起飞和着陆时排气速度低、实现低噪音水平及高空高速飞行时高单位推力的要求，涡轮风扇发动机的设计采用了变循环概念），然后分阶段进行高温核心机、变循环涡轮风扇发动机验证机（HYPR90-T 见图 9）、亚声速燃烧的冲压发动机、组合循环发动机验证机（HYPR90-C 图 10）及其部件的设计、制造和实验（地面和高空台实验）；其他还包括冲压燃烧室设计研究，噪声抑制实验研究，低污染物排放的燃烧室研究，进气道和喷管设计，测量和控制的研究，并发展了广泛用于部件设计研究的 CFD 技术。经过 10 年的研究和发展，日本取得了丰硕的成果，实验验证了组合循环发动机及其部件的可行性，突破了许多关键技术。后续的研究计划 ESPR 主要转向以液氢为燃料，进气预冷的涡轮 / 冲压组合发动机技术领域的研究。

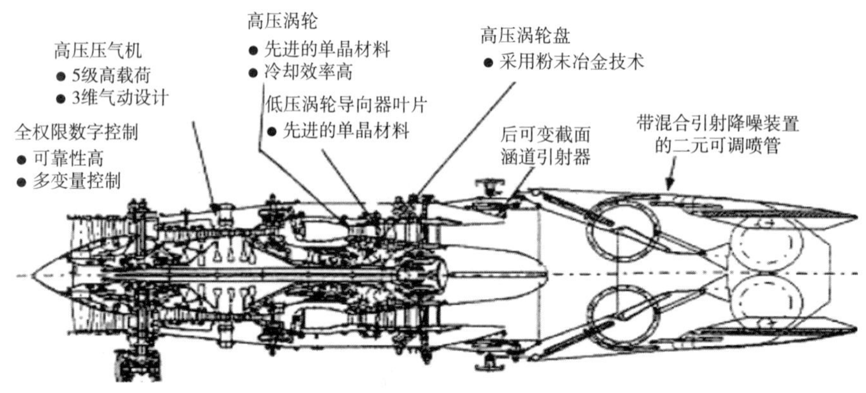

图 9　HYPR90-T 剖面图

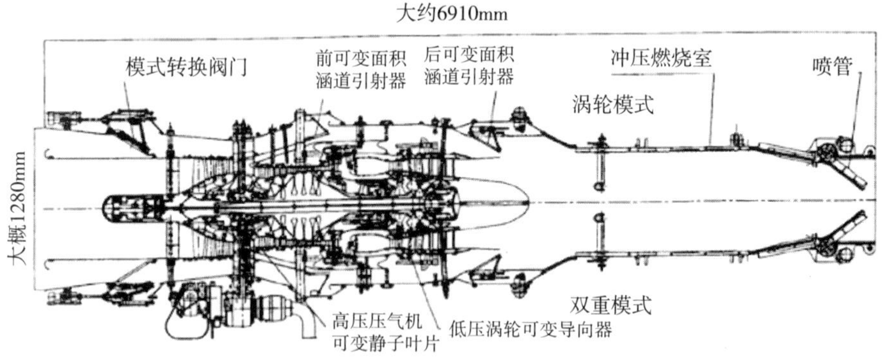

图 10　HYPR90-C 剖面图

3. **俄罗斯**[20-23]

为了把从地球 - 轨道往返的筹载运输成本降到现今水平的 10% ~ 20% 之内，在 ORYOL-2-1 研究发展计划的支持下，俄罗斯宇航局联合全国各大航空航天研究机构及院校，对高超声速单级入轨和双级入轨空天飞机用的组合动力系统展开研究。1993—1998年期间，各种组合动力方案被研究和讨论，同时，各种先进组合动力方案的关键技术也以数值仿真及试验等技术手段进行了验证。研究结果表明，针对不同的最大工作马赫数，推荐使用的组合动力系统方案也不同（图 11）。

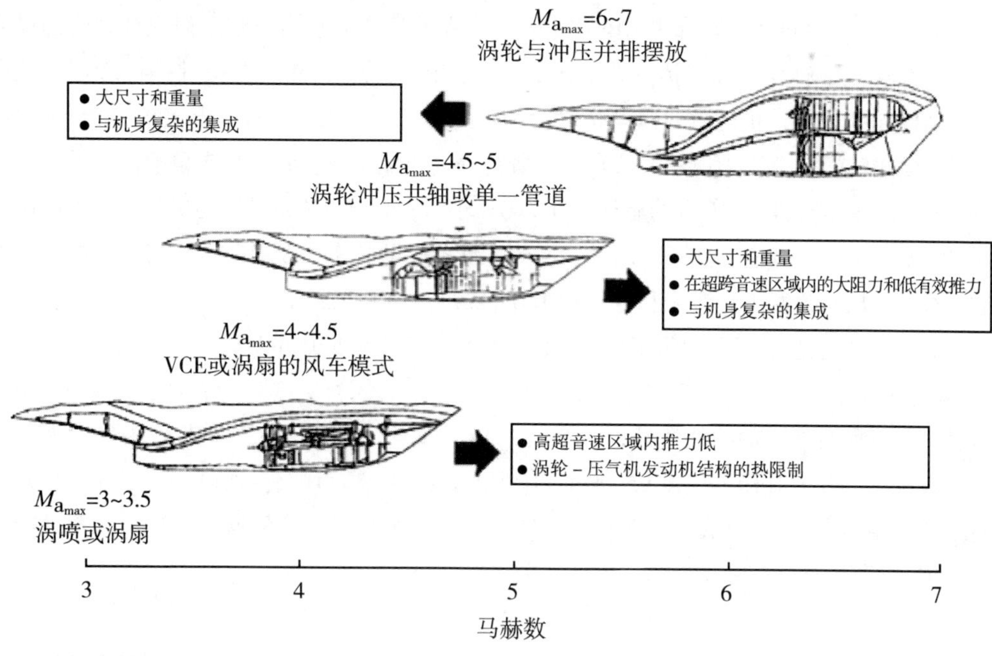

图 11　不同最大飞行马赫数对应的合理涡轮冲压组合布局

1）如果最大工作马赫数（M_a）在 3 ~ 3.5，可选用常规的带加力的涡喷和涡扇发动机。

2）马赫数（M_a）在 4 ~ 4.5，可采用带加力的变循环方案，并在高马赫数条件下，将主机处于风车状态，同时冲压燃烧室具备加力燃烧室和冲压燃烧室的功能。这种方案的缺点在于：高音速区域的推力性能较差，且需要考虑高温给涡轮—压气机结构带来的热强度限制。

3）如果最大工作马赫数（M_a）在 4.5 ~ 5，可选用涡轮 / 冲压共轴方案即串联式的组合方案。这类方案缺点包括：尺寸和重量较大，跨音速区域阻力大，需与机身进行复杂的集成。

4）如果最大工作马赫数（M_a）在 6 ~ 7，可选用并联式的涡轮冲压组合方案。这类方案缺点包括：尺寸和重量较大，需与机身进行复杂的集成。

4. 欧盟[23]

在欧盟长期先进推进概念与技术计划 LAPCAT I（2005—2008 年）的资助下，包括德国、英国、法国、意大利、荷兰、比利时 6 个欧盟成员国的 12 家研究机构联合开展了巡航马赫数范围为 4 ~ 8，高超声速民用飞行器以及吸气式推进系统方案可行性与技术验证研究，旨在缩短长途旅行时间，如布鲁塞尔到悉尼的旅行时间由原来的23小时左右缩短到2～4小时。该计划共探讨了3个方案：LAPCAT A2概念飞行器（图12），LAPCATM4概念飞行器（图13）和LAPCATM8概念飞行器（图14）。其中，LAPCAT A2选用以液氢作为燃料、进气预冷、巡航马赫数为5的涡轮/冲压组合发动机（Scimitar发动机）作为动力（图15）；LAPCATM4选用与RTA相类似的双外涵变循环发动机作为动力，巡航马赫数为4.5；LAPCATM8选用RBCC组合循环发动机作为动力。整个研究计划资助强度为700万欧元，研究内容包括：系统级的需求分析、任务分析、方案评估以及可行性研究；部件模型试验，机理试验以及仿真验证数据库建立；揭示高压、超音燃烧流动机理、湍流、模式转换复杂流动现象的仿真建模研究等。研究结论表明，从布鲁塞尔到悉尼（约16800km），LAPCAT A2方案的旅行时间为3.8小时；影响Scimitar发动机进行工程应用的瓶颈关键技术包括轻型、低阻、高效、高可靠性换热器技术以及以氦气作为工质的对转涡轮技术等。从布鲁塞尔到澳大利亚（约16000km），LAPCAT M4方案的旅行时间为6.6小时，影响该方案进入工程应用的瓶颈关键技术在于双外涵变循环发动机在超宽工作范围内（马赫数0～4.5）各部件之间（包括进气道、喷管）的气动相容性、结构相容性和热防护技术。由于火箭推进剂的低比冲，LAPCAT M8方案起飞总重944t，携带的液氢和液氧重量高达669t，最大航程不超过9500km。作为LAPCAT I项目的延续，LAPCAT II（2008—2012年）继续资助LAPCAT A2和LAPCAT M8方案进行进一步的深化研究，总资助额度为1000万欧元。

图12　LAPCAT A2方案（巡航 M_a=5）

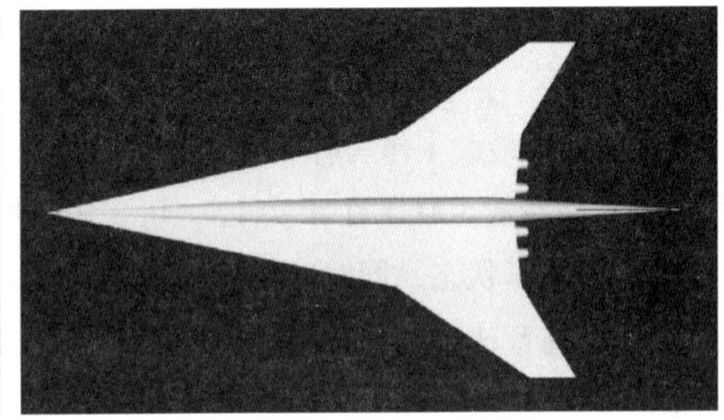
图13　LAPCAT M4方案（巡航 M_a=4.5）

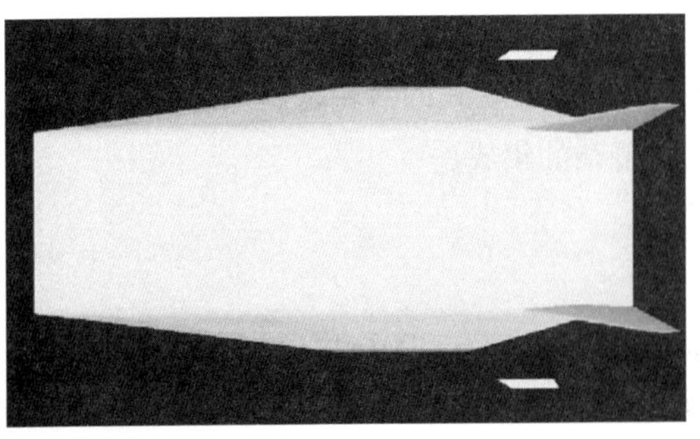
图14　LAPCAT M8方案（巡航 M_a=8）

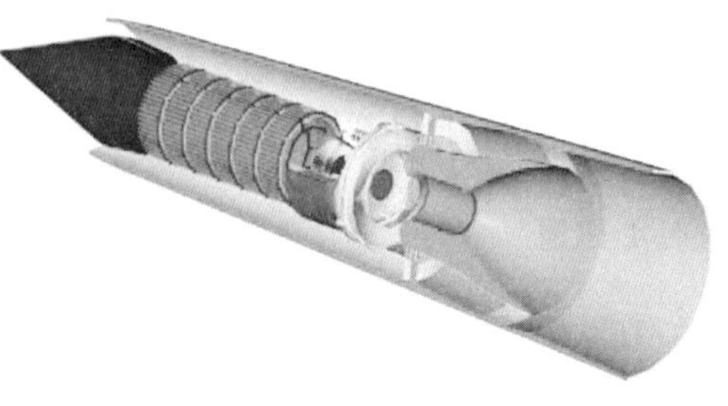
图15　Scimitar发动机方案

（二）国内发展现状

从“九五”开始，在“863”、国防基础研究等各类计划的资助下，国内各航空院校、研究院所开展了吸气式组合动力装置的研究工作。“863”研究计划中虽然对先进天地往返运输系统的组合动力装置进行了方案分析，提出了一些需要研究的关键课题，但其研究的对象主要是针对先进天地往返运输系统，动力是火箭发动机或以火箭为基础的组合循环吸气式推进系统。

2004—2006 年，在国防基础科研等项目的资助下，北航、南航 、西工大、中国燃气涡轮研究院、北京动力机械研究所等研究单位，共同对飞行马赫数范围为 0 ~ 5，飞行高度范围为 0 ~ 33km，可供民用高超声速旅客机使用的涡轮 / 冲压组合动力装置展开了总体方案论证和初步的技术研究。涉及的研究内容包括：任务需求分析；涡轮 / 冲压组合动力串联和并联布局研究；组合循环发动机设计参数和循环性能优化研究；系统级和部件级仿真工具建立和校核；模式转换过程多变量控制规律设计与优化；平稳模式转换稳态和过渡态性能仿真；多变量混压进气道、单边膨胀喷管、可变几何加力 / 冲压燃烧室设计参数选取、三维造型与数值仿真；进气道 / 涡轮冲压组合发动机 / 喷管性能匹配与优化；高超声速旅客机飞行性能仿真；可变几何加力 / 冲压燃烧室模型试验件的加工、点火和冷流试验等。获得的有价值的研究结论包括：对于串联方案，为了保证涡轮 / 冲压组合动力装置在宽广的工作范围内具有良好的匹配性能，进气道 / 组合发动机 / 喷管的控制变量一共需 11 个，包括：N3 斜板楔角 δ_{N3}、N6 斜板转角 δ_{N6} 、N3 斜板长度收缩调节 dLN3/LN3、涡轮 / 冲压模式转换阀门 MSV、前可变面积涵道引射器 FVABI、低压涡轮可调导向器叶片角度 LPT-VG、后可变面积涵道引射器 RVABI、涡扇燃油流量 W_{fturbo}（涡轮前温度 T4 或高压转子转速 N2）、冲压燃油流量 W_{fram}（冲压燃烧室出口温度 T7）、喷管喉道面积 A8、喷管出口面积 A9。图 16 给出了进气道 / 组合发动机 / 喷管可调机构的示意图。图 17 给出了涡轮 / 冲压组合动力串联方案不同工作模式气流通道的示意图。[2-26]

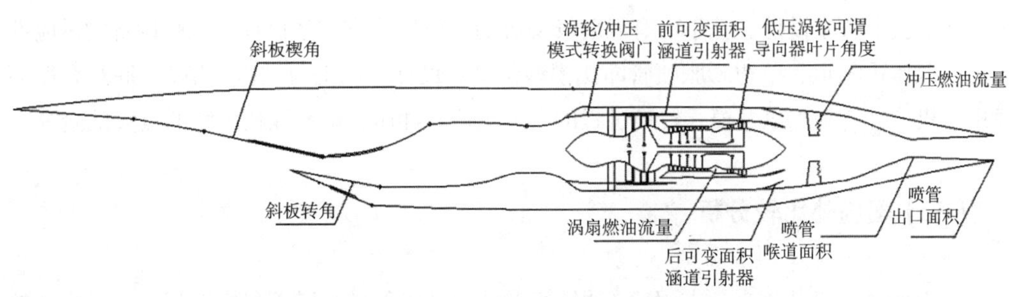

图 16 进气道 / 组合发动机 / 喷管可调机构示意图

图 17 给出了沿飞行轨迹组合发动机的安装性能。从图中可看出，跨声速工作区域的安装推力相对较低，这是由于高超声速混压进气道在跨声速区域的亚声溢流阻力较大，带来了较大的安装损失。图 18 给出了串联式涡轮 / 冲压组合发动机不同工作模式的流道示意图。(图中，$F_{require}$：需求推力；$F_{install}$：安装推力；$SFC_{install}$：安装耗油率。)

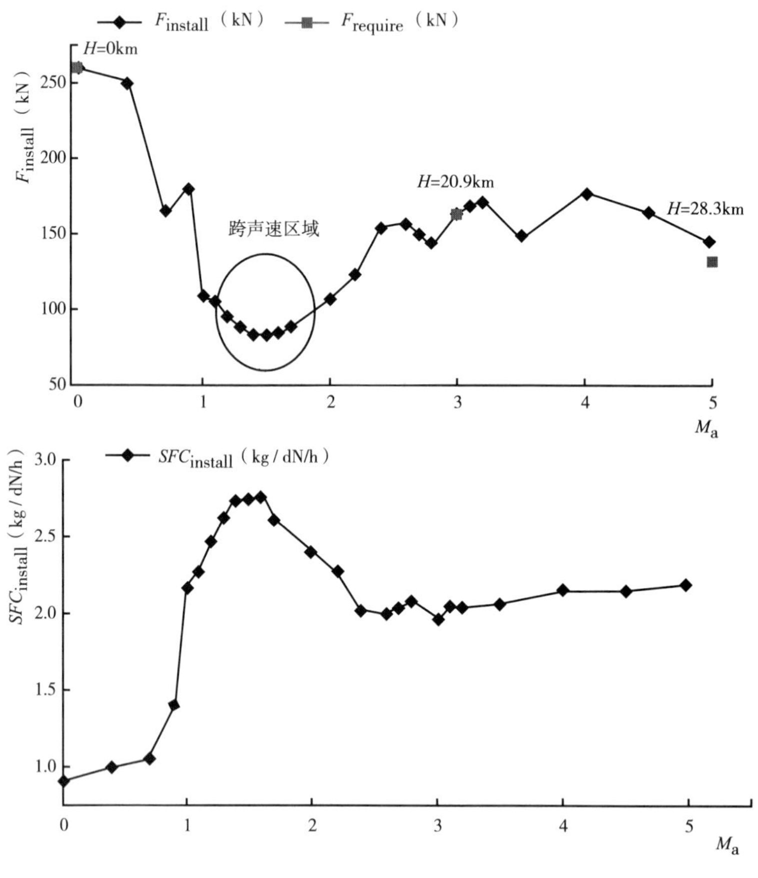

图 17　爬升航段沿飞行轨迹组合发动安装性能

从 2007 年开始，上述研究单位又陆续展开了最大马赫数 3.5 ~ 4 的涡轮 / 冲压组合动力装置的总体方案、部分关键技术仿真和试验验证工作。研究内容包括：任务需求分析、飞行演示验证方案设计、基于已有涡扇发动机的适应性改进方案设计、试验设备的适应性改造、混压进气道、单边膨胀喷管缩比模型仿真、设计、加工与试验、串 / 并联组合循环原理样机设计、加工以及模式转换过程的点火试验、冲压燃烧室缩比模型的点火试验等。

(三) 国内外比较分析

综上所述，近几年来，在涡轮 / 冲压组合动力技术领域，随着研究的深入，国内各航空院校、研究院所开发了相关的数值仿真工具，开展了总体方案评估、技术摸底和原理验

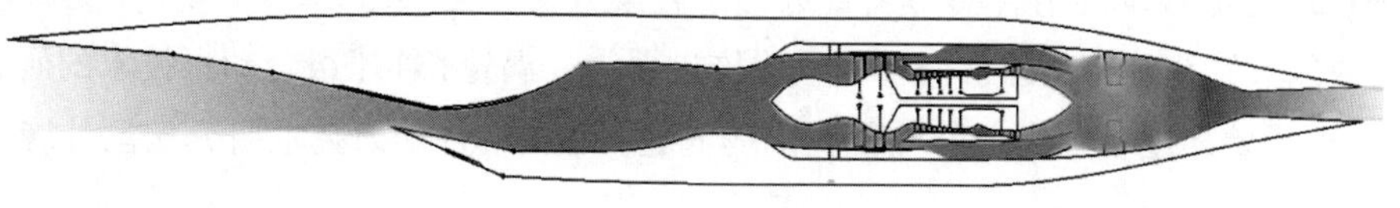

（a） 涡扇模式下工作的二维气流通道图（H=0km, M_a=0）

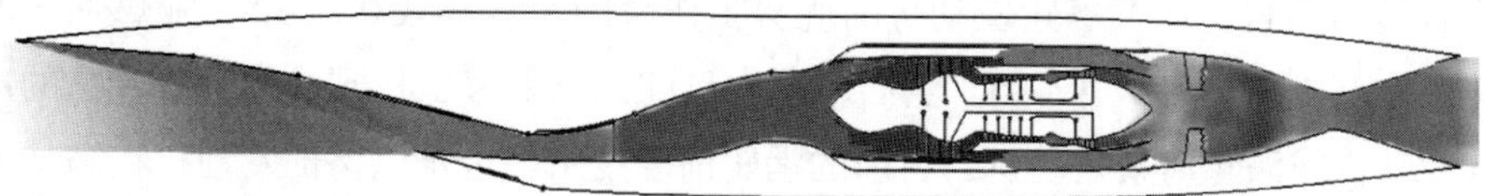

（b） 涡扇 / 冲压模式转换前的二维气流通道图（H=20.9km, M_a=3）

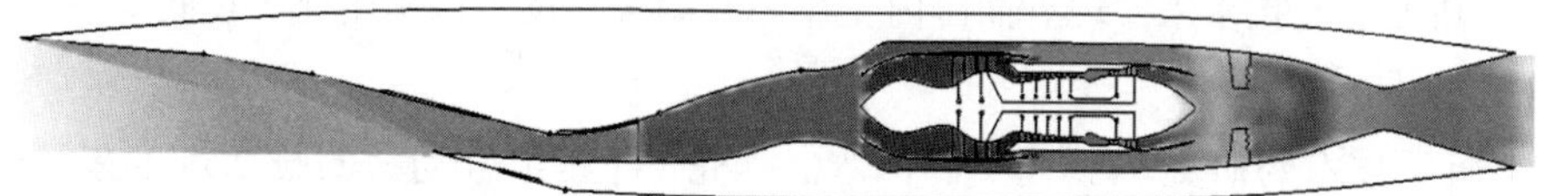

（c） 涡扇 / 冲压模式共同工作的二维气流通道图（H=20.9km, M_a=3）

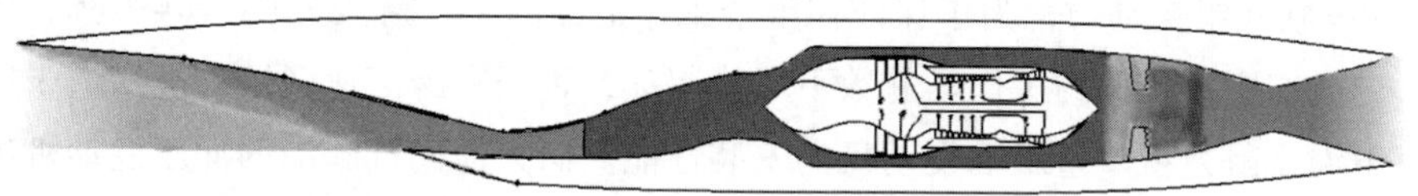

（d） 涡扇 / 冲压模式转换后的二维气流通道图（H=20.9km, M_a=3）

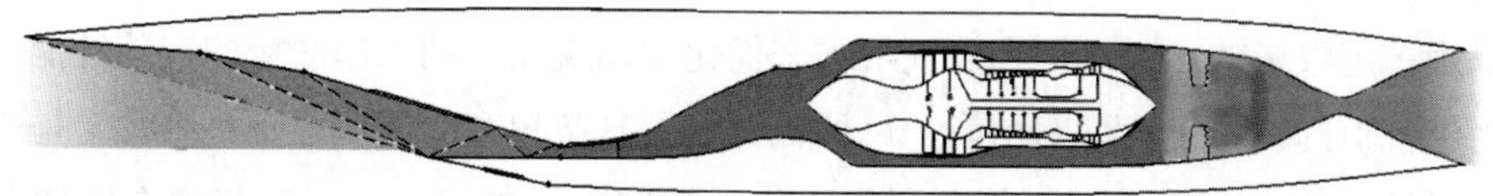

（e） 冲压模式工作的二维气流通道图（H=28.3km, M_a=5）

图 18 涡轮 / 冲压组合动力串联方案不同工作模式气流通道的示意图

证工作，对制约其发展的瓶颈关键技术的认识也进一步深刻，但总的来说还没有取得实质性的进展。尤其是和国外相比，我们还处于较低水平。概括而言，这种落后表现在以下几个方面。

1）发展起步晚。国外早在 20 世纪 60 年代就开展了涡轮 / 冲压组合发动机技术的相关研究，并且已经有了 J58 涡轮 / 冲压组合发动机（黑鸟 SR71 飞行器动力）的成功使用经验。SR71 最大的起飞总重为 78t，最大飞行马赫 3.35，最大升限 30.5km，由两台地面起飞推力为 145kN 的涡轮 / 冲压组合循环发动机驱动。1974 年 9 月 1 日创下了从纽约到伦敦的纪录：1 小时 54 分 56.4s。（协和式客机飞行同样的路程要 3 小时 20 分，而最快的亚音速客机波音 747 则需要 7 小时。）在我国，“九五”期间，“863”研究计划中虽然对先进天地往返运输系统的组合动力装置进行了方案分析，但其研究的对象主要是针对火箭发动机或以火箭为基础的组合循环吸气式推进系统。涡轮 / 冲压组合动力技术的研究力度从 2004 年开始才逐步加大，这使得我国的涡轮 / 冲压组合动力技术研究比国外晚了四十几年。

2）高马赫数涡轮喷气发动机的技术储备较弱。对于以碳氢化合物作为燃料的涡轮 / 冲压组合动力而言，燃气涡轮发动机的优势工作范围为马赫数 0 ~ 3.5，亚燃冲压发动机的优势工作范围为马赫数 3 ~ 5。然而，国内目前缺乏能够工作到马赫数 3 左右的成熟涡轮喷气发动机或涡轮风扇发动机，目前的涡轮前温度水平也难以保证发动机在马赫数 2 以上高效工作。从国外的涡轮 / 冲压组合动力的研制历史来看，无论是早期 20 世纪 60 年代的 J58 发动机，还是 20 世纪 90 年代日本的 HYPR-90T 发动机或者近期提出的 RTA 发动机，均通过采用变循环技术来实现。而国内变循环发动机的技术积累还处于较低水平，还未应用于成熟型号。

3）瓶颈技术的研究不够扎实和深入。涡轮 / 冲压组合动力的技术难度来源于超宽的工作范围以及为了降低重量、紧凑结构，两种模式共用部件（如进气道、外涵道、加力燃烧室、喷管）带来的气动相容性和结构相容性问题。例如，进气道共用的布局形式（图 15）串联式组合动力，为了保证在整个工作范围内（马赫数为 0 ~ 4+）具有良好的性能，进气道应在较低的工作马赫数下尽快起动，否则在跨声速区域，进气道未启动带来的亚声溢流阻力将严重影响发动机的安装性能。而火箭助推起动的冲压发动机进气道则无需关注进气道在较低工作马赫数下的起动问题。此外，组合动力共用进气道的设计难度还在于，在如此宽的工作范围内如何协调进气道供气量和发动机需气量的矛盾以降低进气道溢流阻力，并且在不同飞行条件下进气道畸变程度还可接受？因此，共用进气道必须采用一定数量的可调机构和放气机构来优化发动机在不同工作区域的安装性能。变几何共用进气道的技术挑战可归结为：可调机构能否具备超宽的调节范围；结构上是否易于实现；可调机构在高温高压下能否可靠工作；控制系统如何设计；进气道在不同工作区域的性能能否达到预期目标等。克服上述技术关键需要以组合发动机的总体需求为牵引，各个学科专业的研究人员协同配合，从理论分析、数值仿真和试验验证 3 个层面深入、扎实的开展研究工作。然而，目前，相关的瓶颈关键技术还未按照上述的研究思路扎实展开。

4）缺乏强强联合的瓶颈技术攻关团队，协同创新能力不足。涡轮 / 冲压组合动力的瓶颈技术难度大，风险高和研制周期长，需要集全国乃至国际的优势科技力量进行联合攻关。以日本的高超声速涡轮 / 冲压组合动力研制计划（HYPR 计划为例），该计划始于 1989 年开始，历经 10 年，由日本国际贸易与工业部的工业科学与技术研究所（AIST）牵头，参与研制计划的除日本 3 家公司和政府下属的 4 个国家实验室外，还联合了美国的通用电气公司（GE）飞机发动机部（GEAE）和普拉特 . 惠特尼公司（P&W）、英国罗尔斯罗伊斯公司（RR）和法国斯奈克马（SNECMA）公司。经历 10 年的系统研究，取得了丰硕的成果，实验验证了组合循环发动机及其部件的可行性，突破了许多技术关键。此外，欧盟的 LAPCAT I（2005—2008 年）和 LAPCAT II（2008—2012 年）计划，也是由德国、英国、法国、意大利、荷兰、比利时 6 个欧盟成员国的 12 家研究机构联合开展巡航马赫数为 4 ~ 8，高超声速民用飞行器以及吸气式推进系统方案可行性与技术验证工作。由于体制以及经费投入的原因，目前国内各研究单位的研究工作开展缺乏明确的需求牵引，相互之间缺乏有效的沟通机制，优势资源无法得到有效整合，瓶颈关键技术的研究进展较为缓慢。

（四）展望与对策

20 世纪 60 年代，涡轮 / 冲压组合发动机 J58 就曾应用于黑鸟战机 SR71，最大飞行马赫数为 3.2，一直到 20 世纪 90 年代才停止服役。由于瓶颈技术的复杂性及风险，作为支持更高飞行马赫数飞行器（M_a>3.2）的涡轮 / 冲压组合动力技术至今为止仍仅停留在地面台架试验验证或高空台试验验证阶段，如日本 20 世纪 90 年代发展的 HYPR90-C 验证机和 21 世纪初期美国提出的革新性涡轮加速器计划（RTA）；至今演示验证成功的高超声速飞行器 ASALM、X43A 和 X51 均是以火箭助推作为低速段动力。然而，与火箭发动机或以火箭助推的吸气式动力（如 RBCC）相比，涡轮 / 冲压组合发动机具有比冲高，单位推力大，可常规起降、可使用普通机场、多次重复使用、用途广泛、耐久性高、安全性好、可使用普通燃料、环境污染小等特点。因此，涡轮 / 冲压组合动力技术取代火箭助推作为高超声速飞行器的低速段动力系统仍具有广阔的发展前景。

综合考虑技术风险、研制成本和研制周期等要素，美国在涡轮 / 冲压组合动力技术领域分别制定了近期及中远期的验证计划。近期验证计划主要立足于目前成熟的燃气涡轮发动机技术即最大飞行马赫数＜ 2.5。例如波音公司 2009 年提出的最大飞行马赫数为 6 的 trijet 概念，通过并联方案把燃气涡轮发动机、火箭引射冲压发动机和双模态冲压发动机组合在一起。火箭引射冲压发动机主要弥补涡轮喷气发动机在跨声速区域以及双模态超燃冲压发动机在低效率工作马赫数范围内的推力空缺。近期验证计划技术难点在于不同类型发动机模式的平稳转换以及动力方案与机体的复杂集成。

中远期验证计划主要立足于高马赫数变循环燃气涡轮发动机技术或带预冷的燃气涡轮发动机技术，即最大飞行马赫数能够达到 4+。如波音公司提出的最大飞行马赫数为 6 的 pyrojet 概念，通过上下并联方案把高马赫数燃气涡轮发动机与双模态冲压发动机组合在一起。高马赫数变循环燃气涡轮发动机技术（RTA）从本质上就是一个串联的涡轮 / 亚燃冲压的变循环发动机，发动机的超级燃烧室兼有加力燃烧室和冲压燃烧室的功能。中远期验证计划的技术难点在于高马赫数变循环发动机或带预冷的燃气涡轮发动机技术。

从美国涡轮 / 冲压组合动力技术的发展趋势来看，两个时期验证计划具有良好的技术继承性。近期验证计划注重技术方案的可实现性，虽然组合动力的比冲性能受到影响，但降低了研制难度和技术风险，并且将为中远期验证计划的实施奠定良好的技术基础；远期验证计划注重技术方案的前瞻性，高马赫数变循环发动机或带预冷燃气涡轮发动机技术的验证以及成熟才能充分发挥燃气涡轮发动机在中低马赫数范围的高比冲优势，才能最终摆脱高超声速飞行器在低速段对火箭助推的依赖。

根据国外的经验，国内在组织涡轮 / 冲压组合动力技术的研究开发工作要特别注意其科学性。科学性主要表现在以下两方面。

1. 节约一次性投入和注重计划管理

从花钱较少的基础研究、概念研究开始，确定出必须解决的关键技术后再进入应用研究。而不是一步进入投资巨大的工程性发展研究。以美国的吸气式动力推进的高超声速 NASP 计划为例：在 1984 年 NASP 计划开始前，1982—1985 年先开始了称为 Copper Canyon 计划，实质上是水平起飞、水平着陆一级入轨航天器的可行性研究。1984 年以后开展第二阶段研究，其目的是开发和验证为了高超声速飞行所必需的技术，不针对“型号”，属于预先研究范畴。第三阶段才进入工程研发阶段，进行真刀真枪的设计、制造和飞行试验。但是否开展第三阶段工作暂不确定，取决于第二阶段技术研发取得成果的成熟程度。该计划原定在 X-30 上试飞，但经费要比原计划的 30 亿美元增加 5 倍。由于技术上不成熟，经费难以支持，进度又推迟了 10 年等原因，最终于 1995 年下马。这样避免了盲目上马“型号”，引起大量无效投资，又为今后研究打下了良好技术基础，增加了技术储备。

美国的高速运输机计划（HSCT）[4] 也是先进行概念研究再进行验证研究。1989—1994 年投资 2.8 亿美元进行解决关键技术的技术途径和方案研究；1994—2001 年再投资 1.4 亿美元进行验证研究。背景机的选定原计划在 1995 年进行。前两个阶段的研究取得了突破性进展，使得 2002—2007 年有可能实现产品试飞，但由于亚洲金融危机的出现，考虑市场的需求，1998 年波音公司宣称 2015—2020 年前不会做出产品试飞的决定。他们的经验是前两个阶段，花钱较少，但取得了必要的技术储备，避免花大钱进行工程研究，一旦市场需求发生变化，过早地进行工程研发就会造成大量资金浪费。

上述两个例子可以看出：需要耗资很大的研究开发项目，首先是进行基础性和应用验证性研究，由于没有具体型号为背景，试验工作都可以根据现有设备条件进行模型试验，必要时只建立小型设备进行试验，这就节省了大量设备建设投资和试验经费开支，利用相对较少的可能得到的经费，进行大量的方案分析研究，获得丰富的技术储备。

2. 根据设计、使用中的问题将马赫数划分成不同区间

在评估各种技术方案的优劣时，重要的依据是任务需求。对于高超声飞行器来说，必须解决从地面马赫数为零开始，在大气层内经历各种高度不断加速直到达到高超声速这样大的工作范围内能有效工作的动力问题。飞越不同马赫数，将遇到不同问题。根据遇到的技术问题，大致可将飞行马赫数分成以下几段：

1）马赫数 0 ~ 3 是目前飞机可以达到的飞行速度，在马赫数 2.0 ~ 2.4 范围内飞机结构材料基本上可不作改变，因此是发展超声速运输飞机的实用范围。

2）亚声速燃烧的冲压发动机有利的工作范围是马赫数 3 ~ 5，使用碳氢燃料的冲压发动机最大飞行马赫数不超过 7，主要问题是碳氢燃料的热稳定性，和碳氢燃料的热值太低。马赫数 3 ~ 4 是涡喷发动机和冲压发动机的理想转接马赫数。

3）考虑机体的材料耐热性，若不采用特殊的热管理措施，飞行马赫数应控制在 4 以下（马赫数从 4 提高到 7.4 则进气总温提高 2.8 倍）。

4）用氢燃料的超声速冲压发动机工作马赫数一般是 4 ~ 10。亚声速燃烧冲压发动机转换到超声速燃烧冲压发动机的马赫数可选为 4 ~ 5。

5）马赫数 5 以上进入高超声速，气动上出现一些特殊问题，如附面层转捩问题，空气的非理想气体（实际气体）特性影响等。

6）马赫数 15 以上进入超高速（hypervelocity）飞行范围，如以冲压发动机为动力，则应发展超高声速燃烧冲压发动机。

7）为了进入地球轨道，需要达到马赫数 25，只有火箭发动机具有将飞行器加速到这样高的飞行速度。

3. 建立强强联合的瓶颈技术攻关团队，增强协同创新能力

由于管理体制、国内航空发动机技术水平以及研制经费的制约，国内各家单位的优势资源并未得到充分整合，各研制单位之间的高效合作与联系还存在诸多的障碍，甚至造成部分的研究工作仍处于低水平重复研究阶段。因此，为了增强协同创新能力，需要理顺机制、整合全国优势资源，同时面向全球，组建利益共享、责任共担的涡轮冲压组合动力技术创新研究团队；在此基础上，以总体需求为牵引，各个学科专业的研究人员协同配合，从理论分析、数值仿真和试验验证 3 个层面深入、扎实的开展瓶颈技术的研究工作。

经过国外及国内的长期的研究和探索，总结出了一些必须解决的涡轮 / 冲压组合动力关键技术问题，包括：

（1）发动机和飞行器一体化设计技术

飞行器以高超声速飞行时，升阻比只是亚声速飞行的飞机的 1/3 ~ 1/4，所以如何使发动机在飞行器上的安装一方面不使飞行器阻力明显增加，另一方面飞行器又不致对发动机的进气造成过高的损失和气流畸变是设计中必须注意解决的重要问题。发动机的排气处理也十分重要，一方面要使排出燃气充分膨胀以获得高的推力，另一方面使飞行器能直接获得一部分升力。一体化设计在国外均作为一个专门问题研究，也作为选择动力方案时的一个重要考虑因素。

（2）超宽工作范围进排气系统设计技术

涡轮 / 冲压组合动力进排气系统的设计难度在于超宽工作范围带来的进排气系统与组合发动机的匹配问题。对于覆盖亚声速、跨声速、超声速、高超声速工作范围的涡轮 / 冲压组合动力装置，进气道的压缩比和喷管膨胀比的变化范围很宽。为了保证进排气系统与组合发动机匹配良好，进气道及喷管需要多个可调机构来保证其压缩比或膨胀比在整个飞

行包线内可调，即在尽可能低的马赫数下进气道能够起动并避免喷管出现过度膨胀和不完全膨胀现象。因此，涡轮 / 冲压组合动力超宽的工作范围将带来组合动力进排气系统调节机构数目增多及调节范围过宽的技术难题。

（3）高马赫数变循环发动机设计技术（最大马赫 3.5 ~ 4+）

对于最大飞行马赫数为 4+ 的超声速飞行器，高马赫数变循环发动机通过可调几何能够进一步拓宽传统燃气涡轮发动机的工作范围，有利于紧凑动力装置的结构和降低其重量。然而，它给发动机各部件设计带来的技术挑战在于，超宽的工作范围将使各部件设计约束增加，进出口边界条件变化范围变大以及整机 / 各部件匹配难度加大。

（4）涡轮 / 冲压组合发动机热防护技术

对于飞行器来说，马赫数 2.4 以上需要使用特殊的耐热材料，马赫数 4 以上必须考虑热防护，除采用特殊隔热材料，如陶瓷、碳 / 碳复合材料外，还要采取被动和主动冷却措施。冷却措施不当或冷却技术水平不高造成冷却效果太差或冷却系统太重从而无法实现高超声速飞行。采用高性能耐热和隔热材料，利用燃料进行高效冷却是必须解决的技术关键。

（5）控制及状态监视技术

随着飞行速度的提高，为了保证飞行安全可靠和飞行性能，飞行器和发动机的控制要求高度自动化并具有高度自动化的全程状态监视系统。

（6）燃油

航空煤油是吸空气喷气发动机的常规燃料，它具有廉价、易于保存、在一般机场都可获取等优点。在马赫数 3.5 ~ 4 及以下时它具有足够的热稳定性和高的比冲及单位容积比冲，但马赫数 4 以上比冲下降，由于其热值低，马赫数 7 ~ 8 及以上比冲太低，已不能作为涡轮 / 冲压组合动力的燃料。美国从军用考虑，如巡航导弹，飞行速度限制在马赫 8 以下，目的是可以利用易于获取的煤油作为燃料，有利于战备需要。液氢虽然比重低，成本高，不易保存和运输，但因其热值高，热容量高，用于飞行器一方面可获得到高比冲，另一方面还可用作冷却介质，它又可从水中获取，燃烧后无污染，所以它是飞行马赫 8 以上的吸空气发动机理想的、唯一可选用的燃料。

（7）高精度数值仿真分析工具的建立及验证

为了分析高超声速飞行和新的动力方案的工作特性、工作中可能遇到的问题、新方案的选择以及关键瓶颈技术的分解及研究等必须先建立高精度、可缩放的数值仿真工具。数值仿真工具的建立必须经过地面和飞行算例的验证。

（8）涡轮 / 冲压组合发动机部件及整机试验与测试技术

包括涡轮发动机部件及整机试验与测试技术，冲压发动机试验与测试技术，组合发动机模式转换过程的试验与测试技术。

参考文献

[1] 陈大光等. 高超声速飞行器 TBCC 和 RBCC 的研究与发展 [C] // 北京航空航天大学能源与动力工程学院航空发动机仿真中心. 高超声速涡轮冲压组合动力文集. 北京：北京航空航天大学能源与动力工程学院航空发动机仿真中心，2005：1-14.

[2] Ajay Kumar, J. P. Drummond, C. R. McClinton et al. Research in Hypersonic Airbreathing Propulsion at the NASA Langley Research Center [R]. USA: ISABE-2001, 2001.

[3] C. R. McClinton, E. H. Andrews, J. L. Hunt. Engine Development for Space Access: Past, Present and Future [R]. USA: ISABE 2001-1074, 2001.

[4] U. Hueter, C. R, McClinton. NASA's Advanced Space Transportation Hypersonic Program [R]. AIAA 2002-5175, 2002.

[5] R. J. Shaw, L. W. Koops, R. Hines. Progress toward Meeting the Propulsion Technology Challenges for the High Speed Civil Transport [R].USA: ISABE 99-7005, 1999.

[6] W. J. D. Escher. A U. S. History of Airbreathing/Rocket Combined Cycle (RBCC) Propulsion for Powering Future Aerospace Transports, with a Look ahead to the Year 2020 [R]. USA: ISABE 99-7028, 1999.

[7] Peter Hollingsworth et al. Peregrine Hypersonic Strike Fighter Weapons System [R]. Georgia Institute of Technology, 2000.

[8] J. J. Bertin et al. A Hypersonic Attack Platform: The S3 Concept [R]. USAF Academy, 1996.

[9] P. A. Bartolotta, D. G. Shafer. High Speed Turbines: Development of a Turbine Accelerator (RTA) for Space Access [R]. AIAA 2003-6943, 2003.

[10] M. Bradley, K. Bowcutt, J. McComb P. Bartolotta, and N. McNelis. Revolutionary Turbine Accelerator (RTA) Two-Stage-To-Orbit (TSTO) Vehicle Study [R]. AIAA 2002-3902, 2002.

[11] T. Kokan, J. R. Olds, J. D. Reeves. Aztec: A TSTO Hypersonic Vehicle Concept Utilizing TBCC and HEDM Propulsion Technologies [R]. AIAA 2004-3728, 2004.

[12] Adam Siebenhaar, Thomas J. Bogar, Integration and Vehicle Performance assessment of the aerojet "TriJet" Combined-cycle Engine, AIAA 2009-7420, 2009.

[13] Steven Walker, Ming Tang, Caesar Mamplata, TBCC Propulsion for a Mach 6 Hypersonic, AIAA 2009-7238, 2009.

[14] Melvin J Bulman1, Adam Siebenhaar.Combined Cycle Propulsion: Aerojet Innovations for Practical Hypersonic Vehicles [R]. USA: AIAA 2011-2397.

[15] Makoto Okazaki, Kazuo Miyazawa, Kazuhiko Ishizawa. Engineering Research for Super/Hyper-sonic Transport Propulsion System [R]. USA: ISABE 99-7004, 1999.

[16] H. Miyagi, H. Miyagawa, T. Monji. Combined Cycle Engine Research in Japanese HYPR Project [R]. AIAA 95-2751, 1995.

[17] H. Itahara, Y. Nakata and T. Kimura, Kawasaki Heavy Industries. Research and Development of HYPR90-T Variable Cycle Turbo Engine for HST [R].USA: ISABE 97-7013, 1997.

[18] Testsuji Fujimura, Kiyoshi Ishii, Shunji Takagi, et al. HYPR90-t Turbo Engine Research for HST Combined Cycle Engine [R]. SAE 951991, 1995.

[19] H. Miyagi, H. Kimura, K. Kishi. Combined Cycle Engine Research in Japanese HYPR Program [R]. AIAA 98-3278, 1998.

[20] Lanshin A. I., Sosounov V. A. Status of ORYOL-2-1 R& D Program Combined Propulsion Systems for SSTO and TSTO [R]. AIAA 99-4810, 1999.

[21] Lanshin A. I., Sosounov V. A.. Russian Aerospace Combined Propulsion System Research and Development Program

(ORYOL2-1): Progress Review [R] . AIAA 96-4494, 1996.

[22] Lanshin A. I., Sosounov V. A.. Propulsion Systems for TSTO Airplane-Accelerators of Different Types [R] . AIAA 2001-1914, 2001.

[23] Steelant. High-Speed Propulsion Technology [M] . In Advances on Propulsion Technology for High-Speed Aircraft, Educational Notes RTO-EN-AVT-150, Paper 12, 2008.

[24] Chen Min, Tang Hai-long, Zhu Zhi-li. Goal Programming Study on the Mode Transition of Turbine Based Combined Cycle Engine [J] . Chinese Journal of Aeronautics, 2009, V22(5): 486-492.

[25] Min Chen, Hai-Long Tang, Kun Zhang. Turbine Based Combined Cycle Propulsion System Integration Concept Design [J] . Journal of Aerospace Engineering, Proceedings of the Institution of Mechanical Engineers PartG., V227 (7) 1068-1089, 2012.

[26] Chen Min, Tang Hai-long, Zhu Zhi-li. Inlet/TBCC/Nozzle Integration Concept Design [R] . 2008, AIAA2008-4588.

撰稿人：陈　敏

航空制造技术学科发展报告

一、引言

航空制造技术对提高航空产品性能、减轻结构重量、延长使用寿命、缩短研制周期、降低成本、提高可靠性起着关键性的作用；航空制造技术的发展，促进了航空产品的升级换代。随着科学技术的发展，航空制造技术已集机械、电子、光学、信息、材料、生物科学和管理学为一体，形成了一种多学科交叉、技术密集体系，它集聚了制造业的先进技术，使航空产品成为了工业领域皇冠上的明珠。

本课题根据我国航空制造技术发展现状和国外F-22、F-35、波音787、空客A380、大型军用运输机A400M等新一代飞机及其发动机采用的先进制造技术：金属整体结构制造技术、复合材料整体结构制造技术、先进焊接技术、飞机自动化装配技术和数字化制造技术，开展研究。

二、我国航空制造技术发展现状

（一）金属整体结构制造技术

为提高飞机和发动机结构效率，金属整体结构尺寸越来越大，结构集成度越来越高，加工与成形难度更大，大型金属整体结构的制造技术成为了新一代飞机及其发动机制造的关键技术。

数控加工技术：数控加工技术在飞机和发动机金属零件加工中得到广泛应用，由于零件采用难加工材料和结构的大型化整体化，配置先进的数控加工技术和设备十分必要。近年来国内各航空企业增添了大型数控设备、高速数控机床以及多坐标联动数控机床等先进设备，数控加工能力大幅提升；开展了针对典型结构和典型材料的高速切削技术、加工变形控制技术、精确加工技术的应用研究，在高速加工颤振分析与工艺参数优化、加工变形预测与控制、难加工材料切削技术等研究上取得了突破性进展，其成果已用于零件的生产中。大型飞机结构件的加工精度达到 ±0.1 ~ ±0.3mm，发动机零件的加工精度达到 ±0.01mm；铝合金高速铣削线速度 1000m/min，材料去除速率 25 ~ 30kg/h，实现了大型铝合金整体结构件（壁厚 1.5 ~ 2mm）双面精确加工；钛合金零件切削线速度达到 60 ~ 80m/min。

数控加工车间的制造过程开始引入集成制造、精益生产理念，部分企业实现了全车间的数控设备联网、CAD/CAPP/CAM/CAQ 集成，形成典型件数控生产线。

金属塑性成形技术：金属塑性成形技术广泛用于飞机和发动机金属零件制造，它与计算机技术、现代测控技术相结合，构成了金属塑性先进成形技术。

国内部分金属零件成形已经采用了数字化制造技术，如大型蒙皮零件生产采用了先进的柔性多点模具和数字化拉形制造技术；飞机导管类零件实现了基于 MBD（基于产品模型的数字化定义）的数字化制造、数字化检测和数字化装配等。

近年来，国内在飞机大型壁板喷丸成形、蠕变成形，采用多点柔性工装的蒙皮拉形和发动机叶片超塑成形 / 扩散连接等技术研究取得了突破性进展。部分成果已用于生产，如大型超临界机翼整体壁板数控喷丸成形技术已用于支线飞机壁板制造，大型机翼带筋整体壁板喷丸成形技术已用于大型飞机壁板制造；两层超塑成形 / 扩散连接技术已用于飞机壁板和口盖生产，四层超塑成形 / 扩散连接技术已用于发动机整流叶片生产。

大涵道比涡扇发动机钛合金空心宽弦扭转风扇叶片的成形技术研究，取得了阶段性成果。在大型设备研制方面，已研制成功大型数控热成形设备、100t 大型旋压设备以及 4 万 t 和 8 万 t 重型模锻液压机，大幅提升金属大型整体结构制造能力。

增材制造技术：增材制造技术是一种基于“离散 – 堆积”成形的先进制造技术，从零件的 3D 模型出发，通过分层切片及路径规划，离散成加工路径，以激光或电子束等为热源，逐层熔化粉末或丝材，直接制造出任意复杂形状的零件。增材制造技术是制造技术的最新发展方向。针对金属增材制造技术根据用途主要分两类，一类是基于堆焊技术的增材制造技术（电子束、激光束快速成形技术），适用于近净成形制造或熔覆修复，对零件还需少量加工；第二类是基于铺粉的选区熔化精密增材制造技术，适用于零件的净成形制造，无需对零件加工。该项技术已用于航空产品金属零件制造，本课题仅对当前发展突出的激光及电子束金属增材制造技术开展研究。

激光及电子束基于堆焊的增材制造技术：是将快速原型和同步送粉或丝材多层熔覆技术相结合的新技术，国内开展了深入的基础技术研究，取得了突破性进展。应用激光快速成形技术研制出了 TA15 钛合金前起落架整体支撑框、大飞机风挡窗框、滑轮架等金属零部件。此外，激光快速成形技术还用于发动机叶片的修复。应用电子束快速成形技术研制

出了 TC4 钛合金翼面平衡撑杆，进气道上、下接头，前起交点接头等零件、激光及电子束基于堆焊的增材制造技术部分成果处于国际先进水平。

基于铺粉的激光选区熔化精密增材制造技术：国内开展了粉末材料制备、扫描路径规划、布粉设计技术研究，突破了工艺过程中结构变形和结构内部缺陷控制技术，研制出选区熔化快速成型设备，建成了选区熔化精密增材成形技术平台，已研制出格栅类通气金属

薄壁异型结构件。为该技术在产品上应用奠定了基础。

（二）复合材料整体结构制造技术

复合材料质量轻、模量高、强度高、可设计性强、工艺性好，更容易制造大型整体结构，备受飞机和发动机设计师的青睐，得到了广泛应用。

国内飞机上树脂基复合材料用量得到了迅速提高，中小型飞机复材用量达到全机结构重量的 30% 左右，大型飞机复合材料用量占 15% 左右。在制造技术方面，中小结构件广泛采用预浸带、层片自动裁剪、激光辅助定位 / 手工铺层和热压罐固化等工艺技术，成熟度较高。机翼、尾翼等大型整体主承力复合材料结构件采用了共固化、胶接等整体成形技术，鸭翼、梁、舱门、后压力框等整体结构采用了液体成形技术（包括 RTM、RFI、VARI 等）制造，正在开展发动机叶盘及大型叶片等复杂结构的液体成形制造技术研究。自动铺带技术已开始用于结构件的研制，正在开展丝束自动铺放关键技术研究。

碳碳复合材料广泛采用化学气相渗透及浸渍 / 炭化工艺，研制出的飞机刹车装置和高速飞行器的热防护构件，已经实现工程化应用。已掌握陶瓷基复合材料化学气相渗透和先驱体转化等关键制造技术，正在开展航空发动机喷口密封片 / 调节片、隔热屏等热端构件和高速飞行器的头锥、前缘及舵面的研制，但还没有得到工程化应用。

（三）飞机自动化装配技术

飞机自动化装配是指从组合件、盒段件及部件对合装配工艺采用自动化、数字化技术，实现飞机装配全过程自动化，柔性装配是自动化装配发展的一个新方向。

国内已开展的柔性装配技术研究包括：基于数字量协调应用面向装配的产品设计技术；面向 MBD 所需要的数字化装配设计、数字化容差分配、装配可视化仿真等数字化装配工艺设计技术；柔性工装单元及集成技术；自动制孔、自动钻铆、电磁铆接等加工单元技术；激光跟踪测量、iGPS（室内的激光定位系统）测量、激光雷达测量、数字照相测量等数字化检测单元技术；盒段及部件自动化装配、大部件自动对接（机身段对接、机翼盒段对接和翼身对接）和移动生产线等飞机装配应用技术；以及装配信息数字化管理技术。各项研究成果均已用于飞机生产。

（四）先进焊接技术

焊接技术是飞机和发动机结构广泛采用的连接技术。先进的电子束焊接、激光焊接、线性摩擦焊和搅拌摩擦焊近年来在飞机和发动机主承力结构上的应用得到了迅速的发展。

国内开展了电子束焊、激光焊、搅拌摩擦焊、线性摩擦焊技术研究和装备研制，突破了关键技术并应用于生产。

电子束焊接：是在真空环境下采用电子束流对金属结构进行焊接的一种方法，具有焊缝深宽比大的特点，更适用于大厚度结构件的焊接，已广泛应用于飞机、发动机主承力结构的焊接。利用电子束可达性好的特点，还适用于复杂外形蒙皮及壁板类结构的焊接。

国内开展了大厚度钛合金电子束焊接技术基础研究，钛合金承力框、梁和滑轨等结构电子束焊接技术以及机身尾罩结构焊接技术应用研究，发动机风扇机匣、燃烧室机匣和齿轮传动结构电子束焊接技术应用研究，以上研究成果均应用于飞机和发动机生产。

激光焊接：目前，激光焊接采用的光源主要是 CO_2 激光和 YAG 固体激光。进入 21 世纪，以盘式（DISK）激光和光纤激光为代表的高亮度大功率激光技术问世，尤其是光纤激光，其功率已超过了 50kW，且束流品质高，能使材料瞬间熔化、气化并形成深穿透匙孔，可实现薄板高效焊接（速度达 20m/min）以及 20mm 以上厚板的高质量焊接，设备体积小可实现大型结构现场移动焊接，当前光纤激光焊接应用研究已成为国际上的热点。国内开展了激光和等离子复合热源焊接以及高强钢、钛合金及铝合金结构焊接基础技术研究；焊接过程检测与控制技术研究；激光超薄材料焊接及拼焊板技术、激光 - 氩弧焊复合焊接技术和钛合金带筋壁板激光双光束激光焊接用技术研究。其成果已用于壁板、腹鳍、套筒等飞机结构和发动机转接段结构的生产。

线性摩擦焊：是一项固相连接技术，焊缝能达到锻造组织的状态；可实现同种或异种材料的连接；已用于叶片与叶盘的焊接及修复。

国内开展了线性摩擦焊焊接接头温度场、微观组织及断口形貌和残余应力等基础技术研究，针对航空发动机用的 TC4、TC11、TC17 钛合金材料进行了线性摩擦焊工艺和热处理工艺研究，对线性摩擦焊及缺陷产生过程进行了数值模拟研究。自行研制出线性摩擦焊设备，并在此基础上完成了线性摩擦焊带余量叶片整体叶盘的研制。还开展了单晶、粉末合金、TiAl、Ti2AlNb 等材料的线性摩擦焊工艺探索研究。

搅拌摩擦焊：于 1991 年由英国焊接研究所发明，搅拌摩擦焊是通过搅拌头与被焊金属材料的摩擦搅拌产生热能，使金属塑化并形成固相连接，适用于铝合金、镁合金、钛合金等轻质合金和钢材的焊接，在航空工业中主要应用于飞机机体结构制造。国内近年来开展了搅拌摩擦焊连接机理、组织结构、搅拌头材料和结构等基础性研究和飞机结构搅拌摩擦焊应用研究，突破了关键技术，完成了机翼壁板、口盖、座舱地板、机身壁板的研制，部分成果已用于生产。

（五）数字化制造技术

数字化制造是一种全新的制造技术体系，在数字化制造过程中，从产品设计到最终产品，数字量的信息贯穿始终。在优化的数字化工艺导引、快捷的数字化执行系统驱动以及高性能数字化装备支持下，生产系统灵活、准确、高效率地运转，并以最佳的质量和最短的周期提供最终产品。在航空企业应用数字化制造技术将大幅提升产品制造和生产管理能力。

国内数字化技术的应用已经从单项技术应用、多专业数字化协作，发展到数字样机协同设计制造阶段。

PLM 技术已用于设计和制造阶段的产品数据管理、传递以及流程控制，包括全三维模型信息更方便地在工艺和制造活动中的自动应用以及更改信息的可追溯性等。

虚拟仿真技术处于单项技术局部应用阶段，电气、环控、燃油、液压等系统仿真技术处于起步阶段，各种仿真软件的应用只解决局部问题，不能解决整机多专业的综合优化。没有一个企业级的平台来管理系统设计数据、设计业务、仿真过程、验证过程等各个方面的业务过程。实现了三维数字样机，性能样机的建立还处于起步阶段。

装配技术正在向以三维数据为生产依据的三维制造模式转变。数字量协调、三维工艺设计、数字化测量等数字化装配技术的应用，使飞机的装配质量和效率取得了一定的提高，各主机厂对数字化装配技术的应用达到了空前重视的程度。

三、航空制造技术国内外比较分析

（一）国外航空制造技术的主要进展

1. 金属整体结构制造技术

数控加工技术：国外软件先进、配置完善，形成了以 CATIA、UG（NX）、Pro/E 等为典型代表的三维 CAD/CAM 软件环境，开发了以 VeriCut 为代表的数控加工仿真工具、ICAM 为代表的后置处理软件，形成了从三维设计模型到数控程序生成的全三维数据的数字化处理环境和商品化工具。数控加工技术趋于成熟，设备研制生产能力强，并形成系列化产品。高速铣削新技术的研究近 10 年来发展迅速，当前日本 Kitamura 研制的 SPARKCUT600 加工中心主轴转速达到 150000r/min，代表了高速铣削设备的最先进水平。数控加工技术发展迅速，在美国 JSF 项目、欧洲空客 A380 项目和英国 Roll Royce 公司发动机项目上得到了广泛应用；在高速铣削工艺方面的典型应用有：Remele 公司采用转速 40000r/min 的高速切削设备对壁厚 0.76mm 的直升机薄壁结构件进行了精确加工。普惠公司钛合金叶片采用主轴转速为 20000r/min 的高速机床加工，生产效率提高 15% ~ 20%。

金属塑性成形技术：国外金属成型领域广泛采用数字化制造技术。在工艺仿真研究方面：根据美国科学研究院的测算，采用工艺仿真能缩短产品研发周期 30% ~ 60%，材料利用率提高 25%，成本降低 5% ~ 20%。在产品制造中：实现了工艺过程数字化控制和检测，大幅提高了产品制造精度和生产效率。数字化应用的典型实例有，柔性多点模具蒙皮拉形工艺，采用了几何信息数字传递方式，作为生成模具型面、拉形过程控制、检测蒙皮外形和蒙皮切边的依据，通过数字化工装，数字化检测和切边工具，实现全过程数字化制造。金属塑性成形技术在飞机和发动机结构制造中应用的典型技术：蠕变时效成形技术应用于空客 A380 飞机机翼上壁板制造，喷丸成形技术应用于空客 A380 飞机机翼下壁板制造；超塑成形 / 扩散连接技术（SPF/DB）应用于美国 F-22 飞机后机身高强钛合金隔热板、B-2 飞机大型钛合金零件和英国 Roll Royce 发动机大型钛合金宽弦空心风扇叶片等零件制造。

增材制造技术：基于堆焊技术的增材制造技术（电子束、激光束快速成形技术）、激光熔覆技术及设备已商业化，典型设备供应商有德国 Trumpf 和美国 POM 公司、Huffman 公司、Optomec 公司等，飞机厂商采用上述几家公司已商业化的技术与设备，生产的产品有金属基叠层复合材料零件、叶片、壁板、梁等构件，但更多用于零件修复。研究成果已在武装直升机、AIM 导弹、波音 7X7 客机、F/A-18E/F、F22 战机等方面得到应用；美国霍尼韦尔公司采用该项技术修理了上百万件的发动机高压涡轮、中压涡轮和低压涡轮叶片。在电子束熔丝沉积成形技术方面，美国波音公司、洛克希德·马丁（Lockheed Martin）公司与美国航空宇航局 Langley 研究中心及西雅基（Sciaky Inc.）公司联合，先后开展了相关技术研究和设备研制，能制造出形状比较复杂的零件，最大沉积速率超 3500cm^3/h，性能达到锻件水平，譬如 F-22 飞机钛合金 AMAD 支座、F-35 飞机襟翼梁等，并形成了相关材料及工艺标准。

基于铺粉的选区熔化精密增材制造技术：R-R、GE、P&W、MTU、Boeing、EADS、Airbus 等公司应用激光 / 电子束选区熔化增材成形技术已生产出 GH4169、AlSi10Mg、CoCr、TC4 等航空金属零部件，如发动机燃烧室、叶片、叶轮、飞机舱门支架、进气罩、波音 777 座舱灯框等。

2. 复合材料整体结构制造技术

F22、F35、A400M、A380、A350、波音 787 等新型军民用飞机树脂基复合材料用量得到了大幅度提升，波音 787、A350 达到 50% 以上。广泛采用的先进制造技术有复合材料自动化制造技术（自动铺带、丝束铺放等）和低成本制造技术（液体成形、拉挤成形以及快速成形技术等），自动铺带技术广泛应用于机翼、翼梁的复合材料结构制造；丝束自动铺放技术主要应用于机身、机头、翼梁及进气道制造；液体成形技术用于飞机复合材料后压力框、发动机叶片、机匣等复杂结构件制造；拉挤成形技术应用于复合材料地板横梁及筋条制造。

碳碳复合材料广泛应用于飞机刹车装置，主要采用化学气相渗透及浸渍 / 炭化工艺制造。陶瓷基复合材料已用于 X37、X43 等高速飞行器的头锥、翼面等承力、隔热及烧蚀结构；在发动机上广泛应用于 F414、M88-II 等喷口调节片 / 密封片等构件，在涡轮叶片、燃烧室隔热屏等构件上的应用处于装机试验阶段。陶瓷基复合材料主要采用化学气相渗透及先驱体转化工艺制造。

3. 飞机自动化装配技术

自动化装配技术中的柔性装配技术得到了迅速的发展，Gemcor、Brotje、EI、Mtorres、

ATI、SERRA、DULL、BC、柯马等公司研制出各类工装单元、加工单元、检测单元及集成系统，实现了模块化、通用化，降低了制造成本，缩短了生产准备周期；集成的柔性装配生产线有：壁板、翼梁等组合件装配线；机身舱段、翼盒等盒段大部件装配线；机翼对接、机身舱段对接、翼身对接等大部件对接装配线；部件总装、全机移动总装生产线。实现了从组合件级、盒段级、大部件对接、部件总装至全机移动生产线全线贯通的高度柔性化和自动化装配，广泛地应用于F-22、F-35、B787、A380、A400M、A350等新一代飞机装配。大幅提升了产品的装配精度、实现了低应力装配。

目前，波音、空客、洛克希德·马丁等飞机制造公司在波音系列民机、F-35及A380等飞机的总装生产线中，为了满足飞机的快速生产需求，降低装配成本，吸取了汽车行业流水生产线的理念，变革传统的批量装配生产方式变为单件流拉动式生产方式，在总装中采用了移动生产线，大大缩短了飞机总装时间，降低了飞机的成本，提高了装配质量。在飞机装配过程中，移动生产线技术是当前应用的新技术，采用移动生产线技术能提高生产效率，节省车间空间，在F-35飞机研制中，洛克希德·马丁公司将首次采用连续移动装配线。波音、空客等公司，还大量采用了气垫运输和自动运输小车（AGV）技术，与先进的测量与定位技术（iGPS）、数控技术结合，实现飞机制造过程中运输和装配自动化，大大提高了飞机制造与装配的技术水平、工作效率和装配质量。

4. 先进焊接技术

1）电子束焊接：国外著名的研究机构有德国PTR精密技术有限公司、PRO-BEAM公司、英国剑桥真空工程有限公司、TWI焊接研究所、法国的TECHMETA公司和乌克兰的巴顿研究所。国外在电子束焊接新型材料的焊接冶金特性，气孔、裂纹等缺陷产生的机理和焊接质量控制技术，电子束束流品质的改善和对材料作用机理的基础理论研究，焊接过程温度场、应力场及裂纹生成扩展行为进行了数值仿真模拟等深入研究。另一方面注重电子束焊接成果在飞机、发动机重要零部件上的应用研究，西方第三四代战斗机的主承力框、梁结构上广泛采用了电子束焊接技术。如美国F-22飞机钛合金前梁、后机身钛合金梁均采用了电子束焊接技术，其中后机身钛合金梁电子束焊缝长度达87.6m，厚度在6.4 ~ 25mm之间，在发动机结构上，A340、A500、A600、A380等大型客机的发动机吊架、Trent700发动机的转子、阿波罗飞船门的框架构件等结构上均采用了电子束焊接技术。

2）激光焊接：国外在新型高强合金的焊接性、焊接过程质量、应力与变形技术研究，焊接自动化和智能化技术研究，机器人柔性激光焊接技术研究，先进的激光薄壁焊接技术和光纤激光中厚板焊接技术等研究均取得了突破性进展。英国焊接研究所采用光纤激光填丝和激光电弧复合焊接技术完成了20mm以上厚度的高强钢管道和舰船结构的焊接，英国曼彻斯特大学采用长焦距光纤激光焊接和窄间隙光纤激光焊接技术完成了核反应装备上200mm厚板结构的焊接。2006年，美国、加拿大、德国等政府公布科技发展计划中均将激光焊接技术列为航空工业尖端发展技术之一，促进了激光焊接在航空产品上的广泛应用，激光焊接在航空结构应用上的典型代表是空客 A380 飞机机身铝合金下壁板焊接。

3）线性摩擦焊：国外在完成了深入的基础理论和应用技术研究后，MTU 公司与罗罗公司合作，把线性摩擦焊用于欧洲战斗机 Typhoon 的发动机 3 级低压压气机整体叶盘的制造，目前已经提供了 100 多个线性摩擦焊接的整体叶盘。F119 发动机的风扇和压气机 1 ~ 2 级均采用了线性摩擦焊整体叶盘结构。其中风扇是采用宽弦空心叶片结构。F135 发动机的升力风扇以及一二级风扇（为空心叶片）也是采用了线性摩擦焊整体叶盘。F136 发动机 3 级整体叶盘全部采用罗罗公司生产的线性摩擦焊焊接，并开展了采用线性摩擦焊技术维修与更换整体叶盘零件的探索研究。此外，日本开展的一项小型民机飞机发动机的研究计划中，其高压压气机整体叶盘采用了线性摩擦焊制造。美国波音 787 客机的发动机叶盘也采用了线性摩擦焊整体叶盘结构。

搅拌摩擦焊：以空客、波音、洛克希德·马丁等公司为代表的研究机构，多年来持续开展飞机结构搅拌摩擦焊基础理论、工程技术和综合验证研究，并应用于飞机生产。具有代表性的研究工作有：空客公司针对 A340-600 型大型民用客机翼肋及 A350 机身纵缝焊接，开展了搅拌摩擦焊试验验证研究，巴西 Embracer 公司针对 Legacy-450 及 Legacy-500 中型客机机身壁板，开展了搅拌摩擦焊工艺及结构强度性能研究。具有代表性的应用结构有：美国大型军用运输机 C-17 的舱内地板和斜台地板；C-130J 压力舱壁板、地板及隔板；Eclipse-500 型商务飞机蒙皮、翼肋、弦状支撑和舱内地板。

5. 数字化制造技术

波音、空客公司在新机研制中采用信息化和数字化平台，将 B787、A380、F35 等机型的研制从设计到生产过程实现市场化、全球化。实现产品全寿命周期管理（PLM 技术）：产品的开发管理实现所有产品 / 项目 / 技术状态的数据进行集中、统一、分类和可视化管理；产品的数据管理扩展至维护和维修阶段，实现全寿命周期管理。实现全球性协同：打通壁垒，实现数据积累、共享和管理产品信息传输渠道，从企业内部的交互式工作方式过渡到全球协同。实现产品开发仿真：建立了较完善的从设计、测试、制造到虚拟企业的产品开发虚拟环境，B787 采用这项技术实现了无物理样机的目标；发展以计算流体力学 CFD、计算结构力学 CSD 为核心的数值仿真软件，提高发动机的设计预测能力。数字化技术在发动机应用：罗罗等发动机公司发展了集测量、控制、处理、管理为一体的试验信息系统，增强了发动机试验验证能力。

（二）航空制造技术国内外差距

1. 金属整体结构制造技术

数控加工技术：软件环境配置方面，国内基本依赖国外产品，后置处理软件的配置与国外相比，大多只具备通用功能，难以充分发挥数控机床的功能。设备配置方面，尽管能从国外引进多坐标的数控加工设备，但加工精度高的高档数控加工设备的引进受到诸多限制。受到刀具、编程等多方面因素的制约，数控加工效率偏低，综合效率高的只能达到40% 左右，远低于国外的 60%。

金属塑性成形技术：金属塑性成形过程的数字化、自动化程度，设备的先进性、配套性，以及形成的数字化生产能力等方面，国内与国外相比差距较大。国内数字化制造技术只在局部的点上得到应用，大多数设备的数字化控制能力较弱，制约了设备的功能，配套不全，尚未形成系统，影响了生产过程全线数字化贯通。针对新材料、新结构、新方法的金属塑性成形工艺知识库以及工艺软件，国内外差距较大，国内工艺知识库还处于规划之中，工艺软件通用性差。

增材制造技术：国外主要应用于中小精密复杂结构件的开发、生产以及大型复杂结构件研制和修复，在大型复杂结构件生产上还采用了在大型锻件上局部增材制造；国内只针对整个零件制造采用增材制造技术，尚未深入研究大型锻件的局部增材制造技术。增材制造设备方面，国外有专门研发材料、工艺技术和生产设备的厂商，其产品已实现商业化；国内的材料、工艺技术和设备技术尚处于开发阶段，设备和材料的稳定性较差，产品生产规模较小，对产品的缺陷检测与控制尚处于研究阶段。国外采用增材制造技术对发动机叶片等零件的修复技术已经十分成熟，国内尚处于研究试用阶段。

2. 复合材料整体结构制造技术

国外树脂基复合材料大型整体结构自动铺带、自动铺丝和液体成形技术在飞机上得到广泛应用。国内大多数技术尚处于试用阶段。自动铺丝技术还处于研发阶段，大型整体结构制造技术所用的自动铺带机、自动铺丝机和自动拉挤等自动化设备还处在研发试用阶段，设备性能有待进一步提高。

国外陶瓷基复合材料的涡轮叶片、燃烧室隔热屏等构件，现处于在 F414、M88-II 等发动机上装机试验阶段，国内陶瓷基复合材料还处于在喷口调节片 / 密封片等构件上试用。

3. 飞机自动化装配技术

国外飞机自动化装配已在组合件装配、部段装配和大部件对接中广泛应用，保证了新一代飞机的高效率高质量装配。国内目前自动化装配技术主要集中于自动制孔、柔性工装、壁板自动钻铆和大部件对接等，应用面较窄，处于起步试用阶段。紧固件自动铆接与安装、自动涂胶、自动在线检测、移动式自动化装配等技术应用水平较低，相应装备国内配套能力弱；自动化装配生产线规划技术经验不足，脉动式装配生产线开始起步应用，连续移动式装配生产线为空白。

4. 先进焊接技术

电子束及激光焊接：国外电子束焊接技术在钛铝金属间化合物及高温钛合金等新型发动机高温结构以及激光焊接技术在超高强钢、新型高强铝合金、钛合金和记忆合金等结构方面研究较成熟，但国内尚处于初级研究阶段；国外电子束及激光焊接技术基础性研究比较系统，在焊接结构完整性的评估中基于断裂韧性、疲劳性能与组织不均性的综合评价体系，可靠性研究中结构耐久性及损伤容限评估等技术成熟，而国内相关研究工作还处于起步阶段；目前，国内电子束焊接设备在高功率、高压的电子枪及逆变电源技术与国外仍存在较大差距。

线性摩擦焊：应用方面，国外线性摩擦焊已成熟应用于发动机空心叶片与整体盘，国内仅用于实心叶片与整体盘的焊接；焊接位置精度方面，国外基本实现无余量的叶片与整体盘的焊接，国内只能针对带加工余量的叶片和叶盘的焊接；基础研究方面，国外进行了系统的接头性能研究，国内差距较大；设备方面，国外的线性摩擦焊设备无论在可焊接截面尺寸还是焊接精度方面都较国内先进。

搅拌摩擦焊技术：国内与国外基础技术相比，研究数据积累不足，尚未形成较为完整的数据库，尤其是缺乏典型结构或全尺寸试验件的综合强度试验数据及环境试验数据；国内与国外搅拌摩擦焊在飞机结构应用技术研究方面比较，在复杂曲面结构搅拌摩擦焊工艺与设备技术、焊接缺陷表征及修复技术、大厚度铝合金、钛合金搅拌摩擦焊技术与设备技术方面与国外存在一定差距。

5. 数字化制造技术

数字化制造理念国内和国外差距较大，国内还没有形成一套完整的数字化制造体系，数字化的应用没有覆盖产品生命周期全过程。国内数字化制造的最佳实践经验和工艺知识积累不够，不能有效支持数字化研制全过程。国内尚不具备自主研发的支持产品整个生命周期的数字化协同研制软件平台，目前主要依赖进口国外商品化软件产品。

四、我国航空制造技术发展展望与对策

（一）金属整体结构制造技术

由于我国军民用飞机和高推重比发动机的性能将要求越来越高，为了进一步减重，从而提高了结构的整体化，因此对整体结构先进加工与成形技术提出了新的需求。同时，飞机和发动机产量加大，企业的设备配置将要求更好、更多。

1）数控加工技术：应开展以镜像铣削为代表的薄壁及复杂结构件的精确数控加工技术研究、以整体叶盘为代表的难加工材料及整体结构高效加工技术研究、采用 MBD 方法的工艺数据准备技术研究、工艺及数控程序仿真分析与优化技术研究，构建单台设备、单元级生产线、车间级数控加工技术体系及应用环境，全面提升高效、高速、高精度加工技术水平，加强大型高效数控设备的研制开发力度，大幅提升航空企业数控加工能力，满足飞机、发动机零件研发和批生产的要求。

2）金属塑性成形技术：应制定金属塑性成形发展规划，以满足未来产品研制所急需的关键技术，加强空间多脉冲强磁场成形、泡沫金属夹层结构成形、钛合金三维点阵结构成形等新技术预先研究；构建完整的大型航空产品时效蠕变成形、旋压成形、超塑成形、超高温结构热成形、精密锻造、置氢钛合金结构制造等关键技术体系；提升金属塑性成形数字化精确制造能力；大幅提升金属整体结构件制造能力。加大先进大型数控成形设备的开发力度，全面推进工艺过程数字化检测、控制技术的应用，大幅提升金属塑性成形零件的质量和生产效率。

3）增材制造技术：应进一步深化增材制造及修复技术基础及综合应用研究，开发专用软件，建立数据库，强化大型增材制造设备精度、稳定性及在线闭环监控系统的研发，不断提高材料洁净度、形态质量稳定性及安全储运技术，形成增材制造零件大规模生产能力。

（二）复合材料整体结构制造技术

国内新一代飞机上复合材料用量将大幅度提升，大型整体复合材料结构将成为飞机结构发展的趋势。因此，应制定飞机大型整体复合材料制造技术发展规划，突破树脂基复合材料整体结构丝束自动铺放、拉挤成形、隔膜成形、大型预成型体制备等关键制造技术；研制用于大型整体结构制造的丝束自动铺放、预成型体制造、热压成形和无损检测等大型自动化设备；大幅提升树脂基大型整体复合材料结构研制和生产能力。为满足国内高推重比发动机研发和生产需求，加大陶瓷基复合材料的研究力度，突破耐高温碳化硅纤维的制造技术，陶瓷基复合材料的高精度加工、热防护涂层以及无损检测技术。加快陶瓷基复合材料喷口密封片 / 调节片、隔热屏等发动机热端构件和高速飞行器头锥、前缘及舵面等构件的工程化验证，并拓展涡轮叶片等热端部件的应用研究，提升超高温复合材料在发动机上的用量，支撑新型发动机的研制和生产。

（三）飞机自动化装配技术

面对国内军用飞机的更新换代以及民用客机大量订单的需求和对装配质量的更高要求，飞机工厂将配置大量的、配套的飞机自动化装配生产线。为此，应制定飞机自动化装配发展顶层规划：加强多功能、轻量化末端执行器及控制软件的研究，突破组合件级、大部件级自动化装配柔性工装技术、机器人及五轴数控装配移动平台精确定位技术、自动密封涂覆技术、在线检测技术、系列化的自动制孔技术及紧固件自动安装技术等自动化装配系统关键技术以及数字化容差分配、离线编程与仿真等技术的开发和应用研究，建立自动化装配标准规范体系；加强翼面类和舱段类部段件的自动化装配系统、部装和总装移动生产线的开发，形成自动化装配设备研发和批量生产的能力，满足大量配置高性能柔性装配生产线的要求，彻底改变企业飞机装配落后面貌。

（四）先进焊接技术

1）电子束焊及激光焊：随着新一代飞机及其发动机的研制和生产需求的不断提高，电子束及激光焊接结构将得到大量的应用。因此，应加强新材料、新结构、新工艺方法应用基础研究，电子束及激光束源技术、焊接专用工装及设备研究，构建先进的电子束焊接技术及激光焊接技术研究平台。

2）线性摩擦焊：随着国内发动机产量与质量的不断提升的要求，大量的盘片结构的连接将广泛采用该项技术。因此，应加强钛合金盘片线性摩擦焊技术及设备工程化研究，迅速推广应用于各类规格的盘片生产。并针对新型发动机盘片的研制开展钛铝合金、高温合金、粉末合金等新型材料以及整体叶环焊接工艺研究及相应高性能线性摩擦焊设备研制。

3）搅拌摩擦焊：根据国外搅拌摩擦焊在飞机结构中应用发展趋势，国内飞机结构研制和生产中，将广泛采用搅拌摩擦焊技术，相关航空企业已提出了对搅拌摩擦焊的技术和高精度柔性装备的需求。因此，应制定飞机结构搅拌摩擦焊技术发展规划，系统开展搅拌摩擦焊基础研究和焊接结构工艺应用研究，建立完善的焊接数据库、技术规范及标准，开发搅拌摩擦焊新型设备，在企业形成规模生产能力。

（五）数字化制造技术

面对进入航空大国、航空强国的要求，国内飞机、发动机企业将实现数字化、信息化的生产与管理，融入全球航空制造业。因此，应制定航空数字化技术发展规划，加强数字化、信息化平台的建设，提升企业科研生产能力，使我国的航空产品研发和生产模式与国际接轨，实现全行业的协同研制；进一步扩展数字化技术的应用深度和范围，建立完善的贯穿产品整个生命周期的数字化研制技术体系与规范。进一步实现数字化技术与先进制造技术和先进管理理念的融合，积累和规范支撑研制过程的最佳实践经验和工艺知识库，形成满足工程化应用需求的先进制造技术整体解决方案和先进的数字化车间解决方案，大幅提升企业自主研发的核心竞争力。

五、结束语

当前全球航空制造技术进入了快速发展时期，航空产品更新换代速度加快以及人类对绿色制造技术提出了新的需求。因此，我国航空制造技术发展的总趋势应为：在航空产品制造全面采用数字化、信息化和智能化制造技术发展的基础上，针对减少对环境的污染和提高资源的有效利用率，编织绿色制造的规划，以及开展前沿探索性技术研究。不断提升航空先进制造技术研发和航空产品生产能力，逐步成为航空制造强国。

参考文献

[1] 李志强. 大飞机发动机关键制造技术 [J]. 国防制造技术，2011 (5).

[2] 刘善国. 国外飞机先进制造技术 [J]. 航空科学技术，2003 (4).

[3] 王焱. 复合加工技术在航空复杂结构零件制造中的应用研究 [J]. 航空制造技术，2009 (12).

[4] 王焱. 数控工艺：从工程技术向制造科学的跨越 [J]. 航空制造技术，2006 (增刊).

[5] 曾元松，黄遐. 先进喷丸成形技术及其应用与发展 [J]. 塑性工程学报，2006，13 (3).

[6] 李志强，郭和平. 超塑成形 / 扩散连接技术在航空航天工业中的应用 [J]. 锻压技术，2005，30 (1).

[7] 王耀奇，侯洪亮. 纯铝累积叠轧焊高温力学性能与显微组织研究 [J]. 塑性工程学报，2006，13 (5).

[8] 颜永年，齐海波. 快速制造的内涵与应用 [J]. 航空制造技术，2004 (5).

[9] 杨永强，吴伟辉，来克娴，等. 金属零件选区激光熔化直接快速成形工艺及最新进展 [J]. 航空制造技术，2006 (2).

[10] 巩水利，锁红波，李怀学. 金属增材制造技术在航空领域的发展与应用 [J]. 航空制造技术，2013，13.

[11] 陈哲源，锁红波，李晋炜. 电子束熔丝沉积快速制造成型技术与组织特征 [J]. 航天制造技术，2010，1.

[12] 锁红波，陈哲源，李晋炜. 电子束熔融快速制造 Ti-6Al-4V 的力学性能 [J]. 航天制造技术，2009，12.

[13] 李怀学，巩水利，孙帆，等. 金属零件激光增材制造技术的发展及应用 [J]. 航空制造技术，2012，20.

[14] 刘善国. 大型整体复合材料结构先进制造技术 [J]. 先进制造业，2013 (6).

[15] 许国康. 大型飞机自动化装配技术 [J]. 航空学报，2008，29.

[16] 许国康. 飞机总装移动生产线技术 [J]. 航空制造技术，2008.

[17] 刘善国. 先进飞机装配技术及其发展 [J]. 航空制造技术，2006 (10).

[18] 侯志霞，等. 飞机大部件自动对接集成控制技术研究 [J]. 航空制造技术，2010 (23).

[19] 侯志霞，等. 大部件自动对接误差控制及对合位姿规划技术 [C] // 第四届数字化柔性装配技术论坛论文集——装配数字化与自动化技术. 北京：国防工业出版社.

[20] 巩水利，张雁，柴国明. 高能束流焊接技术的发展及其在航空领域的应用 [J]. Defence Manufacturing Technology，2009 (3).

[21] 张田仓，李晶，季亚娟. TC4 钛合金线性摩擦焊接头组织和力学性能 [J]. 焊接学报，2010 (2).

[22] 陈亮，李文亚，马铁军. 线性摩擦焊技术研究进展与展望 [J]. 航空工程进展，2010 (5).

[23] 董春林，栾国红，关桥. 搅拌摩擦焊在航空航天工业的应用发展现状及前景 [J]. 焊接，2008 (11).

[24] 范玉青，等. 大型飞机数字化制造工程 [M]. 北京：航空工业出版社，2011.

[25] 王普，等. 我国航空发动机数字化设计 / 制造 / 管理技术现状及其发展 [J]. 航空制造技术，2005 (10).

[26] 王焱. 飞机结构件数字化制造的关键技术与实施途径 [J]. 航空制造技术，2005 (4).

[27] 李初晔，王焱，孟月梅. 金属切削过程有限元数值模拟 [J]. 航空制造技术，2010 (22).

撰稿人：刘善国　李　晶　程志军

航空机电综合学科发展报告

一、引言

航空机电系统是保障飞机飞行必不可少的系统，随着飞机性能的不断提高，机电系统所承担的飞行保障任务越来越重，使传统机电系统正从各自独立发展快速向机电综合方向发展，如图 1 所示。机电综合技术已成为未来航空的重点发展方向之一。

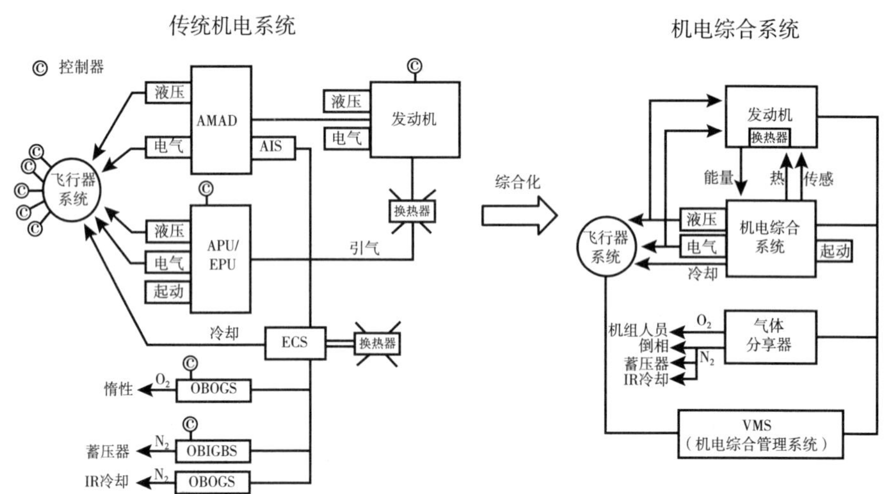

图 1　机电系统综合化发展

机电综合是指将提供二次能源的环境控制、第二动力、液压、电源、飞机燃油等机电子系统进行物理、功能综合，形成一个综合化系统，根据飞机不同状态调整系统，自动选择最佳能量和热沉源，实现系统性能、功能、效率和成本最优化，最终完成二次能源获取、传输与使用的飞行保障功能。

二、发展现状

（一）机电综合技术发展历程

美国空军从 20 世纪 80 年代开始，实施了一系列机电综合研究计划，这些研究计划不仅在时间上具有连续性，在研究内容上也具备继承性，如图 2 所示。

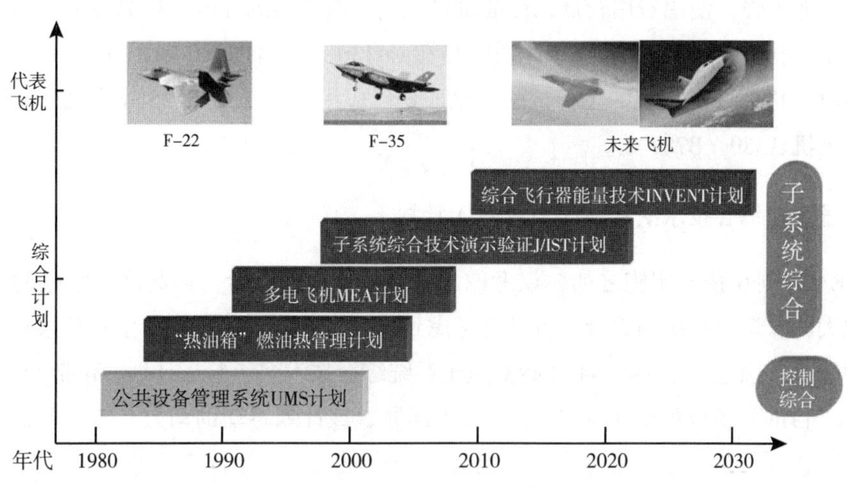

图 2　美国军机机电综合发展历程

1. 公共设备管理系统（UMS）计划

传统的机电各子系统采用大量的专用控制器，通用性差导致可靠性低、信息共享能力差。20 世纪 80 年代英国验证机计划（EAP）出现的公共设备管理系统（国内称机电综合管理系统）由 4 个处理器机组成，替代了原来传统系统中使用的 20 ~ 25 个专用控制器和 6 个电源转换模块，以实现机电控制系统布局优化和控制信息共享。公共设备管理系统减轻了重量、减小了体积、降低了费用，增强了系统可靠性，减轻了飞行员的工作负荷，提高了可维护性。该成果已应用在 F-22、F-35 战斗机和 A380、B787 客机上。

2.“热油箱”燃油热管理系统计划

随着电子设备热载荷的增加，利用冲压空气作为热沉已经无法满足飞机需求，为解决飞机热管理需求和发动机引气使用限制的矛盾，20 世纪 80 年代，美国空军实施了“热油箱”燃油热管理系统计划，通过充分利用 JP8+100 耐高温燃油作为热沉的蓄热作用，减少环控系统对发动机引气的需求，降低了燃油代偿损失，提高了热管理效率。但 F-22 装备的以燃油为热沉的综合环控系统没能完全解决热管理的问题。

3. 多电飞机（MEA）计划

为了提高飞机性能和可靠性，希望所有二次能源均用电能形式分配，20 世纪 70 年代就提出了全电飞机设想，实现飞机各部件电气化，但由于需要解决的问题很多，短时间难以实现，作为全电飞机方案的初级阶段，美国空军提出了多电飞机计划。该计划要求机电系统开展以电能为主要操作能源的机电部件技术探索，如起动发电、固态配电、电力作动器、功率电传、电力刹车、电力环控等领域探索技术途径，为美国 2030 年服役的高能武器平台奠定基础。与以往传统飞机相比，多电飞机结构简单，重量轻，可靠性高，维修性好，生存能力强，使用费用较低，性能价格比高，电传操纵和电力操纵容易协调，地面支援设备少，机上接口简单。MEA 计划已经在 C–130、C–141、F/A–18 和 F–16 等飞机上进行了多电飞机部件和系统的飞行试验，该成果已应用在 F–22、F–35 战斗机上，同时也应用在民用机 A380、B787 上。

4. 子系统综合技术演示验证（J/IST）计划

MEA 计划在技术实施之初，仅考虑了小系统之间的综合，如起动和发电的综合，没有考虑大的、多个系统的综合，也没有考虑到隐身和机动的限制而产生的越来越严重的热管理问题。美国空军于 1995 年开始实施子系统综合技术演示验证计划，包括 56 项演示验证内容，目的是更好的解决 F–35 的热管理问题，该计划将辅助动力、应急动力、环控和起动 / 发电综合在一起，通过分析、地面综合验证和飞行综合验证等一系列手段为 F–35 提供成熟的子系统技术，降低发展阶段和工程制造阶段采用综合子系统的技术风险，并使 F–35 具有良好的经济可承受性。

5. 综合飞行器能量技术（INVENT）计划和能量优化飞机（EOA）计划

2008 年 6 月，美国空军研究实验室（AFRL）启动“综合飞行器能量技术”计划，向工业界发布招标书提出:“能量优化飞机”的概念。在“能量优化飞机”国家计划的 4 项核心产品技术中，INVENT 计划是启动最早的一个，也是其核心。该计划分为 3 阶段进行：第一阶段关注近期技术，这些技术应用到 F–35 飞机上，解决其热管理问题，包括将地面操作时间翻一番、低空飞行时间提高到原来的 4 倍等；目前正在进行第二阶段，关注中期技术，用以满足下一代能量优化飞机的需求，包括通过系统综合将航程 / 续航时间提高 10%，功率和制冷量提高 5 倍，按需供给，无热约束等；第三阶段关注远期技术，主要面向高超声速平台、超声速远程攻击系统等。INVENT 计划将演示 3 个关键系统：自适应动力与热管理系统（APTMS）、鲁棒电源系统（REPS）、高性能机电作动系统（HPEAS），目的在于从能量角度，使用系统综合和优化新方法解决现代军用飞机的热管理难题；探索按需、按负载周期工作的系统，解决过去不论系统处于何种状态都提供定量的电源、液压、燃油冷却等引起的能量浪费问题。该计划探索了一种基于模型的设计方法，并制定了一种“综合飞行器能量技术建模需求与实现计划”框架。

（二）机电综合技术发展特点及趋势

国外通过公共设备管理系统计划，实现机电系统控制层面的综合；通过“热油箱”燃油热管理系统计划、多电飞机计划、子系统综合技术演示验证计划、综合飞行器能量技术计划，从热管理和二次能源优化方面实现子系统综合，这为国内机电系统提出了清晰的机电综合概念，指明了未来机电系统的发展重点。

1. 机电综合程度依据各种飞机平台不同需求呈现不同形式

国外实施的一系列计划主要针对战斗机，战斗机机动性强，不仅对子系统实现多电化，还对子系统进行高度集成，即将辅助动力、应急动力、环控系统和起动 / 发电综合成动力与热管理系统。因此，战斗机机电综合主要包括动力与热管理系统、电作动系统、电源系统、燃油热管理系统，由集成在飞行器管理系统下的机电综合管理系统对系统的信息进行综合处理，达到信息的适时认知和共享，如图 3 所示。

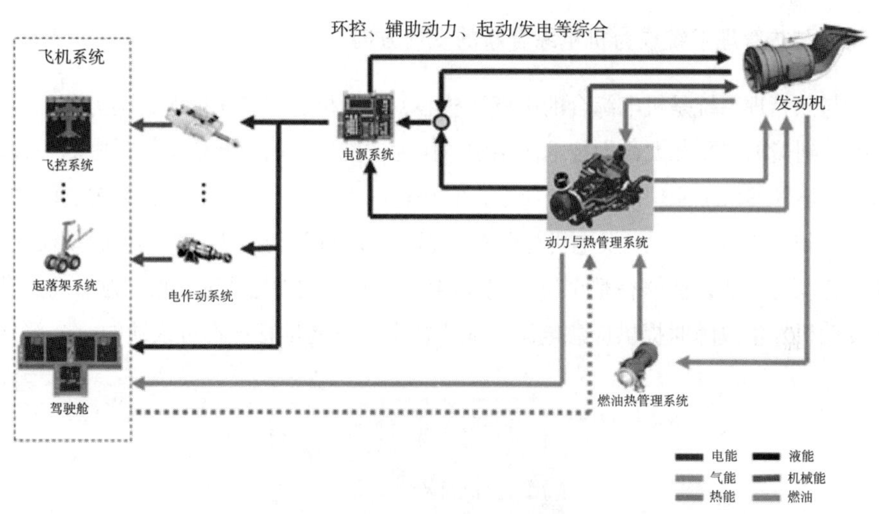

图 3　战斗机机电综合

由于机电综合的技术通用性强，根据飞机平台的不同需求进行技术转化，如民机从安全性、经济性和舒适性考虑，对子系统实现多电化，采用电动环控、多电型组合动力装置等具有多电化特征的系统。

2. 机电综合强调基于模型的系统顶层设计方法

INVENT 计划探索了一种基于模型的设计方法，制定出“综合飞行器能量技术建模需求与实现计划”框架，如图 4 所示，用动态的数学模型取代静态的数据表格，可以精确地描述系统之间的交互作用和瞬态响应，建立了自适应动力与热管理系统、燃油热管埋系统与飞行器系统、发动机组成热模型仿真回路，高性能电作动系统、鲁棒电源系统与飞行器系统、发动机组成电能模型仿真回路，广泛采用硬件在回路测试，支持平台级能量优化，解决飞机能量问题。

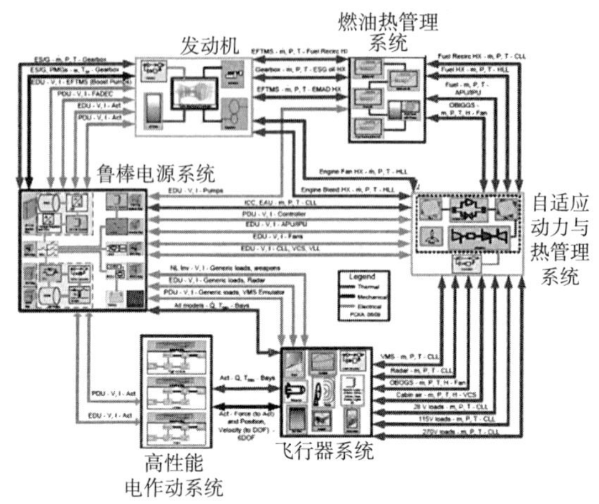

图 4　INVENT 计划建模与仿真框架

3. 动力与热管理系统成为机电综合新的发展方向

动力与热管理系统是机电综合的中枢和核心，是飞机各种二次能源的动力源，美国空军已将其纳入到美国空军九大科学技术体系中，作为“推进与动力”技术体系中的一大研究方向。动力与热管理系统原理图如图 5 所示，它将辅助动力装置、应急动力装置、闭式空气循环控制系统和开关磁阻起动 / 发电机综合在一起，实现自起动模式、发动机起动模式、冷却模式和应急动力模式，能够在整个飞行包线内为主发动机提供起动电源，为飞机提供冷却，并在主发动机发生故障时提供应急电源，成为整个飞机能量管理不可或缺的一个部分。

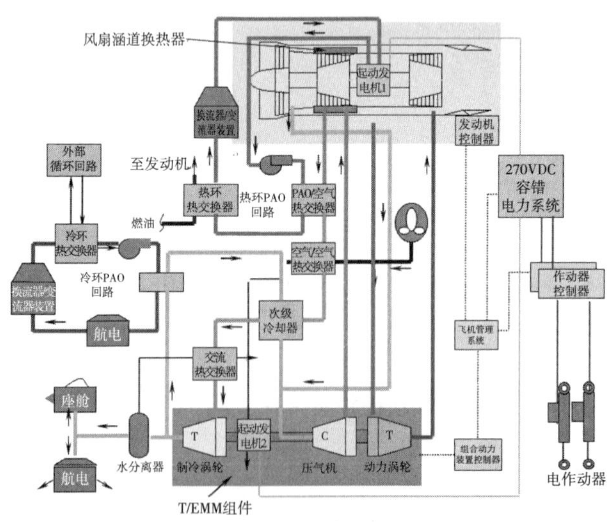

图 5　动力和热管理系统原理图

三、国内外比较分析

与国外机电综合技术发展相比，国内机电综合还需要亟待发展，主要体现在如下 4 个方面：

（1）重视程度：国外针对机电系统持续开展了一系列的专项计划，解决了机电能量优化、多电等关键技术，带动了整体专业及产业的发展。国内对飞机机电系统的重要性认识不足，认为机电系统在飞机上处于从属地位，不需单独考虑。

（2）技术储备：国外每一次技术发展都与飞机对机电系统的需求密不可分，在不同需求的牵引下保持长期持续不断地研究和发展。国内机电系统产品开发缺乏科学的顶层策划与设计，并且从未出台过完整的大型研究计划来牵引。

（3）验证手段：国外先进企业技术研发体系非常成熟，各大供应商均有完备的演示验证手段，如验证机、系统级的验证平台，大大降低了“新技术直接上型号”所带来的技术风险。国内机电系统企业在研发体系建设上面临较多挑战。

（4）基础能力：国外基础技术（含工艺技术）的超前和深入研究；从基础学科级、部件级、设备级到子系统级的研制中都已成熟应用建模与仿真技术，向系统级建模与仿真方向发展。国内机电系统对可靠性设计、元器件、材料工艺等基础研究不够深入。

四、展望与对策

未来机电综合技术需要打破传统理念，将传统的机电系统作为整体概念进行规划，从机电综合的总体设计、能量生成、传输和利用角度梳理关键技术，分步实施适应于满足各种平台需求的机电综合计划，最终实现机电综合技术的跨越式发展。

（一）机电系统体系结构与综合总体设计

根据各种飞机平台对机电系统日益提高的综合效能要求，分析飞机平台对机电综合的需求，掌握不同飞机平台下机电系统的综合程度和综合能力，明确机电综合的共性需求与特殊需求，探索建立与之相适应的体系结构与综合性能分析模型，提出机电综合体系架构方案，从功能、物理实现进行系统模块分解和接口设计，充分利用各种试验验证手段实现系统集成、系统验证，建立较为完整的机电综合总体、核心系统的设计标准与评估体系。

（二）机电综合管理

机电综合管理系统通过共享机电了系统的硬件设备（物理综合），实现各机电子系统间的信息共享（功能综合），同时与飞控系统、推进控制系统、航空电子系统等飞机其他系统连接，使信息高度融合，保证机电系统的控制、管理及监控功能达到最优，从而优化飞机整体性能，减轻飞行员的工作负担。机电综合管理技术是以综合控制性能最优为设计理念，根据各机电子系统功能的共性与差异，进行综合控制模式的划分，包含闭式环控系统、主动重心控制、变压力液压控制、精确剩余燃油警告、优化燃油 / 时间轨迹、电载荷管理、燃油 / 热管理、超前动力瞬态抑制管理等模式。机电综合控制性能寻优技术为各种综合控制模式的性能最优提供策略和方法，利用机电系统的资源优化方法和最优控制理论，可实现机电系统的最优控制。

（三）自适应动力与热管理

自适应动力与热管理（APTMS）技术是航空机电系统综合化的关键技术，通过系统集成和优化方法解决现有的飞机热管理问题。APTMS 的涡轮可以采用高温轴承技术、高温涡轮技术、变几何涡轮技术、先进换热器技术、高效压气机和先进结构，这些先进部件和技术有助于减少涡轮机体积和重量，提高工作效率。APTMS 采用的是高电抗永磁电机（HRPMM），在不同工作模式下既可以作为发电机又可以作为电动机，其新型控制和保护算法可减轻重量、提高可靠性和安全性。主要研究方向包括“超前 – 整定 – 滞后”发电控制技术、直流总线电压脉动补偿技术和先进的自调效率技术等。功率电子设备的改进是又一个研究的方向：半导体技术领域已出现了封装和传热新技术相结合的碳化硅（SiC）和氮化镓（GaN），集成冷却底板的机壳技术，以及使用塑料和复合材料，磁耦合消除等方法，还有能显著减轻重量的有源滤波器，有利于提高机电系统的封装密度和冷却性能。

（四）高性能功率电传作动

高性能电作动技术的关键问题是开发具有大电功率、轻巧灵活的高性能电作动器，探索新原理功率电传作动系统。需要开展的研究方向有：减轻功率和重量要求的金属氧化物半导体控制技术；实现电动环控系统、冷却风扇和燃油泵的脉宽调制电动机变速控制技术及微处理机技术；高压直流稀土永磁无刷电动机和开关磁阻式电动机；低发热最优负载功率匹配的电静液作动系统等。

（五）鲁棒电源

鲁棒电源技术的发展主要集中在高功率密度的机载电源和高可靠性、容错能力强的配电技术上，可以预计，未来飞机机载电源的功率需求会大幅提高，每台发动机提供的电力将达到 500kW；为了减轻输电电缆的重量，需要采用更高的电压，如 230V 交流电或 270V 直流电；对电作动器的要求是，在整个飞行过程中保证飞机控制作动器的电力，允许短时间中断，但是绝不允许长时间的电力中断；依靠计算机实现对负载的自动管理，通过固态功率控制器和机电功率控制器（MEPC）实现对负载的控制、状态检测、故障隔离及系统重构。

（六）光传操纵系统

电传操作系统具有诸多优点，但其致命的缺点是易受雷电、电磁干扰及核辐射的影响。未来飞机将采用越来越多的复合材料代替金属材料，但复合材料的使用将带来突出的抗电磁干扰问题（传统金属材料外壳具有很好的电磁屏蔽作用，可以大大减轻雷击、电磁干扰对飞控系统的影响）。所以，提高操纵系统的抗电磁干扰能力势在必行，解决这一问题的最根本方法是发展光传操纵系统，同时光纤的故障隔离性好，当一个通道发生故障时不会影响其他通道。国外已经进行了大量的光传操纵系统研究，并已经在部分型号上实现了试用，而我国才刚刚起步，在体系结构，光传控制器和光致作动器方面都还需要进行大量的研究。主要研究先进光传操纵作动系统相关的关键技术发展，包括光传操纵作动系统的体系架构、高可靠性光传作动控制器和高性能光致作动器研究。

（七）机载机电设备的高可靠长寿命设计、制造与试验

飞机高可靠性、高安全性、高维修保障性要求机载设备必须具有超高可靠性和超长的寿命，高压、大功率、交变重载荷等工作条件下机载机电设备的设计、制造、试验、服役、保障成为确保大型飞机飞行安全和快速维修保障的关键要素。集中开展如下研究：飞行环境下基于可靠性的机载设备多场耦合机制与性能驱动设计理论与方法；高速重载机载设备失效敏感要素解析及其控性控形和结构完整性制造设计制造；机载设备失效物理、性能演变规律与可靠运行；机载设备故障预测与健康管理；高速重载机载设备交变载荷下系统试验和加速寿命试验理论方法。

（八）大型客机绿色客舱环境及人机关系

商用飞机的舱室环境及各种人因要素不但关系广大乘客的健康和乘坐舒适性，也会影响机组及空乘人员的工作效率、服务质量和驾驶安全性，是决定大型民用飞机能否在竞争日益激烈的航空市场中推广应用的关键技术因素之一。研究目标为：研究掌握温湿度、空气品质、照明、噪声等舱内综合环境要素的分布、变化机理及控制途径，探索飞行驾驶、客舱服务、乘客乘坐及生命保障设施中关键人因要素对乘客及机组人员健康、舒适性、工作效率的影响和制约规律；探索舱室环境条件与及关键人因要素的综合优化新途径，为提高民用飞机舒适性、健康性、安全性水平奠定理论与方法基础。涉及的问题包括：噪声、光、温湿度、振动、空气品质等综合环境要素的分布、变化机理及控制途径；飞行驾驶、

客舱服务、乘客乘坐及保障设施中关键人因因素对乘员健康、舒适性及工作效率的影响和制约规律；舱内环境条件与及关键人因要素的综合优化途径；环境控制中涉及的高效制冷及飞行条件下传热、传质过程的强化及控制机理。

参 考 文 献

[1] 郭生荣. 航空机电系统综合化技术展望[J]. 国际航空，2012(8)：49-52.

[2] 伊恩·莫伊尔，阿伦·西布里奇. 飞机系统（机械、电气和航空电子分系统）综合[M]. 凌和生，译. 北京：航空工业出版社，2011.

[3] Chenggong L，Zongxia J. Calculation Method for Thermal-Hydraulic System Simulation [J]. Journal of heat transfer，2008，130（8）.

[4] Bodie M，Russell G，McCarthy K，et al. Thermal Analysis of an Integrated Aircraft Model [J]. AIAA Paper，2010，20: 0-288.

[5] Walters E A，Iden S，McCarthy K，et al. INVENT modeling，simulation，analysis and optimization [C] //48th AIAA Aerospace Sciences Meeting Including the New Horizons Forum and Aerospace Exposition. 2010: 4-7.

[6] Vrable D L，Donovan B D. Thermal Management for High Power Microwave Sources [C] //1 stinternational Energy Conversion Engineering Conference，Portsmonth，Virginia. 2003.

[7] Gyftopoulos E P，Beretta G P. Thermodynamics: foundations and applications [M]. DoverPublications.com，1991.

[8] Shanmugasundaram V，Ramalingam M L，Donovan B，et al. Aircraft Based Pulsed Power System Thermal Management Options With Energy Storage [C] //4th International Energy Conversion Engineering Conference，San Diego，California. 2006.

[9] Smith Jr K W. Morphing wing fighter aircraft synthesis/design optimization [D]. Virginia Polytechnic Institute and State University，2009.

[10] Rosero J A，Ortega J A，Aldabas E，et al. Moving towards a more electric aircraft [J]. Aerospace and Electronic Systems Magazine，IEEE，2007，22（3）：3-9.

[11] Zhang P，Ma Q. A method of evaluating robustness of more-electrical-aircraft power system based on natural connectivity [C] //Industrial Electronics and Applications（ICIEA），2011 6th IEEE Conference on. IEEE，2011: 158-160.

撰稿人：焦宗夏　郭生荣　李运祥　张晓斌
郭　宏　张慧娟　王　永　尚耀星

人体与环境工程专业科学技术发展研究

飞行员个体防护与生命保障是“首当其冲，全程使用，应急救生”必需的机载设备。近年来，在机载制氧生理学研究与供氧安全性设计以及个体装备适体性方面取得长足的进步。

未来超远程飞行要求飞行员呼吸防护装备应当有充足无限的机载制氧氧源，电子变压调节无忧虑呼吸，飞行员个体装备 NBC 防护，离机落水应急呼吸防窒息生理要求是航空生理学的重点。

在有人参与的航空系统中，航空人机工效涉及系统设计、系统运营、系统运行的各个方面，在航空系统安全中占有重要地位。本文将航空人机工效分为航空人机工效设计、人为差错管理和航空人机工效相关标准 3 个方面，在大量查阅文献的基础上，分别进行研究现状、发展趋势调研、与我国情况的对比，最后给出发展建议。建议一是尽快建立中国航空安全的研究体系框架，基于体系框架抓紧落实具体的航空人机工效研究项目；二是抓紧完善项目管理规范，在管理规范中可增加项目年工作总结披露要求、标准研制要求等，以提高整个社会对国家项目资源的共享；三是应积极引进国外具体项目中获得的成熟工作方法和经验，结合我国特点开展航空人机工效研究，达到快速提高的目的。

航空环境模拟技术是研究与飞机和飞行相关的各种自然环境及诱发环境下的人工再现技术和在模拟环境下的试验技术。根据不同的分类依据，可以分为外部环境和舱内环境；物理环境、化学环境和生物环境；作业环境、乘员环境和逃生环境。目前美国和欧洲均建设了大型多参数、多效应的环境模拟设备，试验包括飞行器环境安全性考核、飞行员人机工效和乘员舒适性等内容，试验内容丰富。我国现有的环境设备能力较为薄弱，在建的试验室完成后可达到美国麦金利试验室的规模。但是相关的环境试验内容还需要进一步规划。此外，对于生物环境、逃生环境等特殊环境的模拟及相关试验设计也应尽早纳入本领域的发展规划之中，以丰富航空环境模拟技术的内容。

航空生理与个体防护研究

一、引言

飞行员个体防护与生命保障是“首当其冲，全程使用，应急救生”必需的机载设备。近年来，在机载制氧生理学研究与供氧安全性设计以及个体装备适体性方面取得长足的进步。

未来超远程飞行要求飞行员呼吸防护装备应当有充足无限的机载制氧氧源，电子变压调节无忧虑呼吸，飞行员个体装备 NBC 防护，离机落水应急呼吸防窒息生理要求是航空生理学的重点。

二、研究现状

（一）机载制氧技术的广泛应用

近几年航空工业高速发展，系列型号装备研制为航空供氧防护的发展提供了良好的机遇，相关航空生理研究与试验分析为我国航空个体装备现代化发展和航空兵部队战斗力的成长，提供了重要的技术基础支撑。

1. 多人机组多机种应用机载制氧生理学研究

航空供氧防护装备是飞机战术技术性能发展的产物，随着飞机性能的提高，其防护要求也不断提高，急需航空生理学技术基础的支持。根据各型飞机性能的发展需求，开展了模拟发动机不同引气状态，不同座舱压力制度，不同升限高度的机载制氧与供氧生理学的应用技术基础系列研究。研究了多机种、多人机组、多种状态条件下，应用机载制氧技术的生理需求，创新了飞行员无忧虑呼吸环节的生理要求，形成了供氧装备工程设计的生理学卫生要求和设计定型评价方法与标准，促进了我国机载制氧设计技术进步，提升了其实用水平，设定了高空飞行供氧安全的关卡，为我国航空供氧装备技术的不断发展与完善发挥了历史性作用。有效地避免了在我国发生像 F22 猛禽飞机机载分子筛制氧那样让美军飞行员“空中神秘缺氧”的事故（件）。

2. 机载分子筛制氧与供氧安全性设计与生理学研究

美国 F-22“猛禽”战机是当今世界最先进的现役战斗机，其性能对各国现役战斗机形成了压倒性的优势。然而，F-22“猛禽”战机无应急供氧生理要求，为瘦身取消备用氧气设计，应急供氧用手动，关键时刻用不上，导致飞行员高空窒息60多秒，最终坠毁。美国空军事故调查委员会（AIB）一年分析无定论，公布了事故报告，归咎于飞行员操纵失误。这一公布F-22飞行员反应强烈，公开罢飞。F22飞机因不明原因的"神秘缺氧（mysterious hypoxia）"迫使停飞、复飞、再停飞，直至罢飞和限制飞行高度与距离……两年多来，这一连串实属无奈的举措引起世界范围内的高度关注，举世震惊。早在2000年，美国空军就意识到了F-22的供氧系统存在某些问题，当时怀疑可能是环境控制系统引起的，但也未深究。自F-22的供氧系统问题暴露以来，美国空军承受了巨大压力，不仅空军事故调查委员会（AIB）无法下台，甚至空战司令部和空军最高指挥官都被推到了前台。空军一再给洛克希德·马丁、波音、霍尼韦尔、普拉特惠特尼这些业界巨头（这些巨头也均在哈尼上尉家人的起诉名单上）施加压力，要求尽快解决问题，但由于F-22各子系统彼此关联，环环相扣，所以尽管各方纷纷派出了精兵良将，但对此都大感棘手，时至今日未能给出让公众信服的结论。

我国航空生理实验室在机载分子筛制氧生理学研究方面，始终坚持把飞行员防护救生装备生理卫生学要求的论证和鉴定试验作为"需求论证""试验评估"和"特色研究"等职能的关键切入点。一是积极介入防护救生装备性能要求的顶层设计。在研究提出氧气系统生理卫生学要求中，坚持将飞行供氧安全放在首位，对供氧浓度和流量提出了高于国外同类型飞机的要求。特别是要求在座舱高度、氧分压降低和供氧系统输入气压力等超出生理需求时，自动启用备用纯氧，为确保满足飞行员的用氧需要建立了应急备用和补偿机制，创建了飞行员无忧虑呼吸备份与补偿环节。二是严格履行装备生理鉴定把关职能。在飞机机载分子筛制氧鉴定定型阶段，对机载全系统装备进行全包线的生理鉴定试验，甚至考核了某些试飞试验无法考核的性能（如高空迅速减压与加压供氧等），及时发现并协助改进了许多设计缺陷和产品质量问题，为确保装备性能达到设计要求起到了关键的把关作用，三是为解决机载制氧系统部队应用中出现的问题提供医学科技保障。如在大过载飞行中引起飞行员航空性肺不张。通过飞行现场捕获并验证了肺不张症状和机制，研究提出了供氧系统下调加压呼吸启动值、机动飞行时必须启动加压供氧功能和对飞行员进行生理训练等措施，确保了部队飞行训练的正常进行。

（二）个体装备适体性舒适性研究

长航时飞行和认知负荷过重是远程飞行劳动负荷中的突出因素，例如，美军对利比亚空袭时夜间持续飞行达13h，更有长达28h。长时间的飞行、无规律的工作制度和睡眠不足，易于产生过度疲劳，进而严重影响飞行员的操作。现代战斗机动性能不断提高，续航时间大幅延长，同时飞行员面临的作战环境和任务日趋复杂，造成飞行员的飞行负荷大大增加，使个体防护装备的舒适性成为影响飞行效率，甚至飞行安全的重要因素，越来越受到重视。

我们近年结合女飞行员和个体装备个性化要求问题，关注了现役个体防护装备中舒适性。多功能头盔重量的增加，势必给飞行员增加头部负荷。适宜的头盔重心，合理分配重量，使整个头盔舒适、稳定，以减少生理负荷问题始终是人们关注的问题。

（三）座舱压力制度设计与控制生理学

针对多乘员座舱压力制度控制问题，开展了动物和人体座舱爆炸减压试验，分析增压座舱迅速减压时机体肺内减压压力的变化情况，建立了迅速减压机体肺内减压压力的数学模型，经仿真研究，根据试验结果，将肺减压峰值区间划分为：理想、允许、耐限、极限和超极限 5 个区间。研究基础为确定与修改运输机和未来轰炸机的高压差和战斗低压差的座舱压力制度与控制准则提供了理论依据。

三、现状分析

为适应先进战斗机飞行防护的需要，机载分子筛制氧及个体装备技术不断地发展。从发展动向上看，都是立足于完善性能、应用方便；借助于高技术，其发展趋势可以持续至 21 世纪中叶。

（一）机载分子筛制氧与供氧方面

1. 灵敏的微电子呼吸调节器

新概念的微电子氧气呼吸调器应是全数字化、全状态无忧虑调节。目前法国 EROS 公司推出的军用飞机电子呼吸调节器，其性能指标高于英美的氧气呼吸调节器，具有较高的呼吸调节敏感性。美国 F35 飞机应用微电子氧气呼吸调器情况尚不明确，从 F22 猛禽飞机机载制氧近几年频发故障和发生的事故（件）看来，其对航空生理学理解的深度和水平不可恭维，其防护性能的可靠性如何也难估计。

2. 机载备用氧增压技术

随着机载分子筛制氧技术的广泛应用和发展，新型氧氮分离耦合材料制纯氧技术的创新，满足使用空间与重量和增压效率的机载备用氧增压技术有待于突破，让飞机彻底摆脱地面后勤的依赖，让飞机自由地、灵活机动地、随时随地地出击和无限远航的限制会更少。此外，提高制氧 / 产氮的效率，综合利用机载宝贵资源，在保证飞行员供氧呼吸的同时，还给飞机油箱充氮防爆，提高飞行器生存能力，尤其是在直升机上的应用尚未涉及。

（二）飞机座舱压力环境方面

机载制氧技术的应用，飞机远航等性能的提高，对驾驶飞机的飞行人员来说，无疑是一种新的挑战。跨时区远航，连续长时间飞行理想的要求是飞行员微小环境的压力和温湿度应接近常态。关注空天一体作战防护问题。提高现有的座舱压力制度，降低飞行人员低压、缺氧暴露的机会。美国得克萨斯州，布鲁克空军基地 Webb J T 博士认为，即使飞机座舱高度不超过 7620m，潜在的减压病的危险是很明显的。将座舱压差提高，可大大降低高空缺氧和减压病发生的概率。然而，提高飞机座舱压力制度应从飞机结构的材料强度与重量和人体生理安全角度系统综合考虑。

（三）个体防护装备方面

1. 综合头盔

由于未来战争模式的改变，为适应跨时区，覆盖全球的长距离飞行的需要，飞行员个体防护装备设计的目的应为：①防护性能；②舒适性；③通用性。新一代头盔就是一个平台，安装有双目电子光导组件系统、先进的通信装置、单眼综合夜视镜、机动传感器、高分辨率的显示器、热成像瞄准具、防毒面具、双目防激光镜等。既有防弹、防激光、防毒气、抗噪声、抗吹袭（600knot）、防碰撞、抗污染、防化学、抗高温通风与报警、防窒息的综合防护能力，又可辅助操纵火控系统。多功能头盔舒适性对使用者来说，尤为重要。飞行头盔在设计手段上，采用个性化定制技术，具有前所无比的适体性。

据报道，美国 F-35 联合攻击战斗机配备的 VSI 公司新一代头盔显示系统无法正常工作。F-35 或多或少是根据别出心裁的头盔面罩独特的能力而设计的。在飞行员和飞机前所未有的计算能力之间建立直接的联系，就像科幻电影中的场景。这个小部件是使 F-35 成为世界上最尖端的战斗机的关键。但在飞行测试中，由于受颠簸，面罩的“符号系统”难以辨认，无法正确显示夜视数据。更头痛的是给飞行员头颈部带来难以承受的负荷，限制了应用。

2. 防化问题

“北约”国家基于机场是核化袭击的重要目标以及航空兵必须具有在防生化条件下连续作战能力的观点，高度重视飞行员的防生化问题，针对作战使用的环境和要求，设计了专用的防毒装具。如加拿大为“海王”直升机研制的 C4 型防化面罩和头套系统；法国研制的 NBC/F 防护外罩；美国空军先后装备了 M24、M43、M43E1 型防毒面具。

在重点发展直升机飞行员防毒防护技术的同时，国外也大力发展歼击机飞行员防毒防护技术，美国 ILCDOVER 公司研制了性能先进的 MBU-18/P（TAERS）防毒装具，美英联合研制出 F-22 飞机生命保障系统就具有生化武器防护能力，上面装备有 CQU-7/P 过滤鼓风装置和 CWU-66/P 防毒服。分别有 4 种配套：A/P23P－1V 单独系统（AV-8B，OV-10D 和 SH-60B，MH-53E 直升机），A/P23 P－2V CRU-79/P 液氧系统，A/P23P－3V 机载分子筛氧气系统，A/P23P-4V 气氧系统。英国为其战斗机飞行员装备了 AR5 型防毒装具。俄罗斯十分重视对化学战的防护，苏 -30 飞行员也配备有 л п -3-120 防毒面罩和成套件 -л 防毒服。

西方国家空军基本上已完成了在现行飞行装备器材的基础上改进研究这一步，已开始着手第二步的研究计划，即结合飞行装具的要求，积极设计研制多功能一体化的飞行防护装备，将供氧、防毒、防核闪光、防激光、安全救生有效地结合在一起，最大限度地满足未来战争防护的需要。

3. 防窒息问题

国外从 20 世纪 60 年代就开始了防窒息活门的研究，其中航空生理研究的重点是防窒息活门吸气阻力、流量对人体的生理影响以及人体对使用防窒息活门的耐受能力，研究成果应用于多种型号的供氧面罩，如美国飞行员 MBU5/P、MBU12/P、MBU20/P 及 MBU22/P 供氧面罩、英国飞行员 P 型供氧面罩以及美国伞兵面罩。邦迪克斯型防窒息活门正常工作时，处于关闭的位置，以确保外界空气不会进入面罩内。

防止窒息还可采用其他措施，如 CONAX 公司的面罩插销在特定条件下自动解脱机构。其主要的工作原理是：通过炸药激发活塞的运动，强制性的将面罩插座的盖板和插销顶出，从而达到解脱面罩的目的。

四、未来发展趋势与建议

（一）进一步开发机载制氧技术

机载制氧满足呼吸的氧源是远航供氧必然的选择。机载分子筛制氧系统不仅是加大飞机航程、摆脱地面支持，提高飞机战术技术性能的高新技术，而且更是满足当代战争有效的综合呼吸防护装备（如防核、生物、化学战剂防护问题），是机载氧源的一次革命，尤其适合现代和未来战争的需要。因此，该技术深受各国军方青睐，仅在短短的十几年间所有的第三、第四代高性能战斗机都装备了分子筛制氧装备。

然而，在机载分子筛氧气系统实际应用过程中，暴露出分子筛氧气系统的不足。研制产氧能力强，能满足各种情况下的供氧需求，是未来飞机氧气系统要解决的关键问题。根据机载分子筛制氧系统输出压力低，呼吸阻力高和流量需求大的现实，分析正常呼吸和应急呼吸生理通气需求。开发新型氧氮分离耦合材料制纯氧技术，研制高效氧气浓缩器，采用闭环控制技术，实现对氧浓度、流量和抗荷加压呼吸按要求启动的无忧虑精确控制，以保证新一代战机产氧效率和防护效果。拓展开发直升机、运输机和预警机应用机载制氧技术。

（二）研制安全舒适的个体防护装备

随着航空技术的发展，空中加油技术的突破，现代战斗机的航程越来越远，连续飞行时间越来越长，对飞行员个体防护装备提出了更高的要求。

1. 研制电子无忧虑呼吸调节器

在飞行训练和空战中，飞行员瞬间呼吸流量的变化很大，这就需要飞机氧气系统有良好的供气性能，尤其是研究提出无忧虑呼吸高精度的需求具有重要意义。氧气系统理想的瞬间流量峰值应达到 300L/min（5.0L/s，BTPS）比较切合生理需求。由于受工程实际的限制，英、美、法、德国对机载分子筛的瞬间最大供气能力均定为 200L/min（3.3L/s）。作者通过飞行测试认为，瞬间最大流量至少为 180 ~ 300L/min。否则由于流量不足，吸气阻力增大，人体将会出现呼吸不畅乃至憋气感。

电子呼吸调节控制氧气的供给需求，保证在低供气压力条件下，满足呼吸用氧。呼吸压力、流量与浓度的调节机构，如何根据呼吸需与求的矛盾，降低系统阻力的调节已成为人们关注的焦点。电子变压调节按需供氧，随呼吸周期变换阻力，满足 PPB 和 PPG 无忧虑呼吸防护的要求。该装置体积小、重量轻，具有输入压力要求低，满足所需压力调节，呼吸抖动频率响应要求。同时，研究实现升限高度“定值加压”的可能性。

2. 飞行员个体装备 NBC 防护

近 10 年来，世界政治格局发生了重大变化，国际军控活动取得了进展，特别是生化武器裁军也达成了协议。但各国研制生化武器及防护装备没有丝毫放松，在未来较长时期内，生化武器的威胁在安全威慑及军事行动中具有特殊的地位。飞行防护装备的核、化、生（NBC）防护性能，自海湾战争以来引起各国军方高度重视。未来供氧与防毒呼吸生理要求将是战斗机防护的热点。

对于未来发展下一代战斗机，飞行员化、生防护系统应与环控、氧气系统应统一考虑设计，解决分子筛、通风降温、抗荷充气、供氧呼吸的防毒问题，也避免了加装滤毒罐导致的吸气阻力增加的问题，可以避免后期再发展的局限性。

虽然机载分子筛氧源可以解决长时间吸氧问题，但分子筛滤毒效果则不能确定。根据 Timothy 等（1993）的相关研究，化、生毒剂在短时间（1 ~ 2h）内不会影响机载分子筛制氧能力，毒剂也不会通过机载分子筛达到致伤剂量。美国在普遍采用机载分子筛制氧的条件下，仍然在氧气面罩前加装滤毒罐方案。国内尚无分子筛滤毒效果的相关研究。

航空氧气系统应具有防核、化学、生物战剂作用，并有防烟雾用途，保证飞行人员飞经所有污染环境，都能够通过密闭的氧气系统自成呼吸体系。我国歼击机飞行员防毒装具与保护头盔、供氧面罩和供氧调节系统如何配套使用，将是应用研究的难题。

3. 离机落水应急呼吸防窒息

机上呼吸有氧源，跳伞离机呼吸用伞氧，那么，伞氧分离落水后如何呼吸？这个问题一直是飞行员防护救生难以解决的问题。弹射离机后，飞行员可能会受伤或昏迷，而在伞氧耗尽后却无法自行取下面罩，从而导致飞行员窒息或溺水死亡。根据水上救生的需要，从系统救生的角度考虑，必须给供氧面罩上增加防窒息、保证飞行员弹射离机后的抗溺水功能，以提高弹射救生的生存概率。有关供氧面罩水上救生时飞行员最大通气量与防窒息阈值的关系问题需要深入研究论证。

（三）空天一体防护

空天飞机的奥妙之处在于他的动力装置是一种混合配置的。可在离地面 6 万米的大气层内以 3 万 km/h 的速度飞行。既可以像普通飞机一样在大气层内飞行，也可进入外层空间自由飞行或按一定的轨道运行。未来战争将在多维空间中进行，空天飞机像普通飞机一样水平起飞，其作战空域是整个地球和附近宇空。据美国航空航天局 2 预测，21 世纪空天军的出现，超高空飞机和跨大气层飞行器的飞行，军民用运输机的高空防护还是需要的。21 世纪乘“空天飞机”到太空旅游的低压缺氧防护仍然是难度较大的未来技术。

因此，战争形式变化、战术技术的改变，高空高速飞行发展的新趋势，使高空低压缺氧防护的地位显得更加重要了。为加强和完善高空飞行的低压缺氧防护，美国布鲁克空军基地飞行技术分部 Self BP phD. 提出 SHARP DEGE 系统，即带密封颈圈的全压盔，带袖的加压背心和手套，用于飞行高度在 18288m（60000ft）以上的综合防护。

展望未来，机载陶瓷薄膜制氧技术使空中乃至于太空稀薄气体中产氧成为可能；采用芯片控制技术完全能满足呼吸需求的氧气呼吸调节技术，实现无忧虑呼吸调节系统；实现充足无限的呼吸氧源；应急救生防窒息呼吸面罩；全方位呼吸防 NBC 装置的呼吸生理参数，是航空生理学研究的重点。深入开展新一代战斗机飞行员供氧装备呼吸生理参数研究，推动和促进飞行员个体防护装备的发展，对提高未来复杂环境条件下战争的全方位防护能力，确保供氧呼吸系统与个体防护装备“首当其冲，全程使用”安全已迫在眉睫。

与此同时，期待着自动调压、调温、调光材料将应用于飞机座舱设计；随压力和温度自动伸缩，高强度轻质材料开发应用可使飞行员个体防护服装革命性改变；具有记忆功能（自适应）材料有望用于防化、智能防窒息供氧面罩；制氧 / 产氮技术在保证供氧呼吸同时能为飞机油箱提供充氮保护，起到自主防爆，提高飞行器生存能力。我们应积极探索开展有关生理学问题，制定与未来机种装备相适应的生理学要求，研制出更能满足飞行员生理心理需要的高空飞行个体防护装备，丰富和发展航空航天医学航空生理学。

航空人机工效

一、引言

航空系统中，“人”的对象为：飞行员、维修人员、空乘人员、乘客、空管人员等；“机”的对象为：驾驶舱、客舱、维修部件、飞行员用装备、装具等。另外航空人机工效研究的是一定“环境”下的人机交互情况，这里的“环境”主要指：温度、湿度、光照、噪声、振动等。所以航空人机工效可以归结为，以航空安全为目的，开展航空系统中一定环境下的人机交互状况研究，并将这种交互状况以模型、数据库或评价量表的形式呈现，同时提供基于航空人机工效的软件工具、指南等，用以指导航空系统中飞机、飞行员装备的设计和工作流程设计。具体研究大致分为以下三方面：航空人机工效设计研究，航空人为差错管理研究和航空人机工效标准研究。国外航空人机工效的研究已经介入有人参与的航空系统的设计、运营、运行的各个方面，也取得了大量的研究成果，极大地推动航空系统安全的发展。

二、发展现状

（一）航空人机工效设计

航空人机工效设计涉及驾驶舱人机界面设计、飞机使用和维护设计、乘客舒适性和安全性设计、航空个体装具 / 装备人因设计等。研究可以分为航空中人的特性研究，航空人机界面设计、评估两个方面。

根据人的特性，国外已经开展多个人的认知、行为模型研究项目。有 C.D. Wickens 的注意力 – 情境意识模型（A–SA），M.D. Byrne 的 ACT–R V5.0，K.M. Corker 的 Air–MIDAS 等。这些模型为用户提供了多操作者绩效预测、综合的绩效评估以及随机绩效等。由英国 CAA 和航空工业出资于 1989 年开始研发的 EXODUS，可有效地模拟应急撤离中的人行为。国外还建立了机务维护人为差错的分类分析理论模型，如 MEDA、HFACS 等。2002—2007 年，英国建筑研究院与航空科学综合公司等 33 家单位合作承担了欧洲第五构架项目“友好航空客舱环境”，建立了环境参数与乘客舒适度之间的关系模型，结构化公式模型和神经网络模型。

目前国外已实现充分利用维修性设计评估（MED）流程 / 工具和数字化人体模型（CATIA）来进行维修性设计与评估，而且波音公司为每一个型号飞机分配了首席技师，负责相关的维修设计工作的统筹管理，为设计工作提供了新的组织模式，未来还会将对人因的关注扩展到机场操作中。

进一步研究将更多围绕飞行员态势感知和座舱自动化开展，合成语音显示技术、空间听觉显示的技术实现途径、主动侧杆的操作要求和技术设计参数研究，人与自动化系统的关系、多模式信息管理、状态与数据可视化以及自动化新技术评估等都将是研究重点。FAA 主导的下一代航空运输系统（NextGen，2012—2025）计划中提出的“等效目视飞行”概念，NASA 航空飞行安全项目（AvSP）综合智能驾驶舱计划中基于头戴式显示器（head-worn display）的合成 / 增强视景系统，将引发新设备模式下人特性研究的新热点。

（二）人为差错管理

在人为差错管理方面，澳大利亚 MAA 正在开展国防部范围内的航空差错管理系统研究。波音公司开发了 PEAT、MEDA、CIRA、CPIT 等系列人为差错管理辅助工具。LOSA 模型、CRM 模型、TEM 模型已经普遍应用飞行安全数据分析的多个方面。在美国下一代航空运输系统（NextGen）人因研究中，人为差错研究涉及 OIs 对人的绩效影响、人的危害评估、人—系统差错鉴定与减轻的策略等。开发人因差错管理的新方法、新工具，改善技术和培训方法，人机系统差错分类和评估方法等均为当前的研究热点。在国家层面建立航空差错管理系统，人为差错管理标准和规范，进行容错性系统设计和人为差错后果控制等是未来的研究趋势。

（三）航空人机工效相关标准

目前，多个国家和航空组织在航空人机工效标准方面做了大量的研究和制定工作。EASA 和 CAA 的人因工程咨询小组分别制定了欧洲和英国航空人因工程发展战略，其中 CAA 还颁布了“航空维修人因工程”指导手册（CAP716）。2003 年，FAA 颁布了新的人因设计标准，其人因工程小组正在开展空中交通管制和技术运营人机工效系列标准的研究。在 SAE 现行航空航天相关标准有 210 项，部分与航空人机工效相关。NASA 也颁布了航天用人机工效标准 NASA-STD-3000。国外标准部门已经就航空人机工效标准研究制定专门的长期项目或发展战略，航空人机工效标准涵盖的内容将越来越广泛。

三、国内外比较分析

（一）航空人机工效设计

近几年，我国已经逐步加大在航空人机工效研究的投入。国家项目“民机驾驶舱人机工效综合仿真理论与方法研究”（“973”项目），就从飞行员仿真理论与建模、环境综合影响、综合评估理论与方法、基于认知特性的人机界面仿真、飞行安全中的人为因素、驾驶舱内饰工效学 6 方面展开基础理论研究。正在开展的项目还有“民机驾驶舱人机工效评估及操纵设计技术的研究”（“十二五”项目），类似研究“面向长期空间飞行的航天员作业能力变化规律及机制研究”（“973”项目）等，“大型客机座舱内空气环境控制的关键科学问题研究”（“973”项目）中对客舱人机工效也有所涉及。

目前国内主要的飞机设计和制造单位电子样机的设计都使用了达索公司的 DELMIA 软件，进行维修仿真，维修性分析和评价，只是还没有 MED 流程 / 工具可供工程部门使用。借鉴 HFACS-ME 分类系统，我国也建立了民航机务维护人误的分类分析理论模型及其分类指标体系和分析方法，还需进一步研究才能达到深入分析维修的目的。相关单位对头盔显示器的人机工效也进行了研究，但是对现役头盔显示器的信息显示简化，参考系差异所造成的兼容性等都缺少研究，也并没有结合离轴状态下的显示要求对新的符号格式及布局进行探索。

总的来说，我国航空人机工效所开展的研究涉及面杂，不深入，缺乏体系，没有明确发展重点等。研究方式单一，研究人员相对缺乏，尚未就下一代新型航空器系统开展大型人机工效基础性研究工作。在人机工效设计与评价技术研究，基于人机工效要求设计新产品的能力与国外差距较大，以及与工程实际中飞机设计工作的结合有待提高。

（二）人为差错管理

国外在正在开展国家层面的航空人因失误管理系统研究，没有资料显示国内有类似的研究项目。国外开发了多个人为失误管理工具，如波音的 MEDA、PEAT 等，而国内主要是小范围运用这些工具进行分析研究。另外，尽管 LOSA 和 TEM 在国际上已经应用成熟，但在国内对其应用开发的并不充分，没有像 FAA 那样把其列入相关航空管理规范之中，国内也缺乏对 CRM 的充分研究。

（三）航空人机工效相关标准

目前我国标准制定机构针对航空人机工效标准的研究较少，标准多为引进国外相关标准或对其进行修订；在人机工效标准体系中没有针对航空安全、航空维修等进行专门分类；缺乏专门针对航空人机工效学标准研究的部门（或咨询小组）；缺少针对航空人机工效的长期发展项目或战略规划等。

四、展望与对策

（一）展望

经过多年发展，我国已经成立多个航空人机工效研究组织。中国人类工效学会、中国心理学会、全国人类工效学标准化技术委员、中国航空学会航空机电、人体与环境工程分会，中国系统工程学会人机环境系统工程专业委员会的学术活动中都有大量的航空工效学术和应用研究。正在进行的 2 项国家级、3 项部级项目中都涉及航空人机工效研究。国家级飞机设计研究所和相关工程部门也在不断不提出新的人机工效研究需求。笔者相信随着我国经济实力的增长，尤其国产大飞机的工程需求，航空人机工效研究的需求很快就会快速增长。

（二）对策

目前，FAA 和 NASA 都在关注下一代航空器的安全，欧洲航空安全局也在努力构建欧洲航空安全管理体系。两者的项目计划中都将人因研究单独列了出来以示重视。他们的工作步骤都是先调研，后布局、规划与计划，最后以项目的形式进行落实。我们也应尽快建立中国航空安全的研究体系与框架，框架中一定要强调航空人因的研究，同时抓紧落实具体的项目。在国家财力允许的情况下，应加大投资力度。

在本文调研过程中，通过互联网我们拿到多份美国、欧盟、英国、加拿大等国的研究总结报告，但是很少能拿到我国的项目研究报告。所以相关管理部门应完善项目管理规范，增加项目年工作总结披露等要求。在国家项目中，亦可增加标准研制需求，以缓解我国航空人机工效标准少的困境。

最后一个举措是应加强与国际相关组织机构合作，积极引进成熟的工作方法和经验，结合我国特点开展航空人机工效研究，以达到快速提高的目的。

航空环境模拟技术

一、引言

航空环境模拟技术是研究与飞机和飞行相关的各种自然环境及诱发环境下的人工再现技术和在模拟环境下的试验技术。

飞机的环境分为外部环境和内部环境。飞机要实现全天候气象条件下飞行，经常遇到各种恶劣天气，比如高温、低温、日照、雨淋、降雪、结冰等气候环境，而且还会遇到风沙、盐雾、油雾、大风、雷击等特殊极端环境。这些外部环境飞机的环境适应性、飞行安全性以及内外环境引起的座舱舒适度等问题变得非常重要。

飞机的内部环境包括驾驶舱、设备舱和乘员舱环境。驾驶舱的温湿度、压力、光学、振动等环境对飞行员的作业关系很大。这部分的环境模拟研究应与驾驶工效的研究相结合。设备舱的环境则对一些机载设备的正常运转产生关键性的影响。乘员舱环境的模拟和控制技术的发展随着民机市场的竞争加剧，越来越受到关注。

随着对于航空环境问题关注的加深，航空环境模拟技术还应包括一些更加特殊环境的再现，例如微生物环境、逃生环境等。这些都是在特殊的内外环境作用下、于特殊场合产生的环境问题。例如逃生环境，可能舱内出现火情、浓烟，舱外又处于高原寒冷积水地区，而逃生时的人又受到座椅、过道等各种条件的影响。

二、发展现状

美国、英国和荷兰等均有全机气候实验室，对多驾飞机进行过全机气候实验。美国的麦金利气候实验室可提供全球地面复杂气候环境实验条件。此外，由于飞机结冰引起的事故时有发生，美欧等国家均开展了飞机结冰机理和防冰技术的研究，同时建立了各种冰风洞用于模拟结冰气象条件，进行相关结冰和防冰的理论和工程实验研究。

（一）欧洲座舱环境测试平台 ACE

ACE（图 1）隶属于英国建筑物理研究所（BRE），主要用于研究座舱空气质量、噪声、振动以及人机工程学。英国建筑物理研究所在飞机座舱、建筑室内环境等领域具有国际领先技术水平，涉及的研究项目涵盖了很多方面，诸如室内环境控制、飞机座舱环境质量和通风、污染控制、噪声控制、照明设计等。飞机座舱环境测试平台 ACE 于 2002 年竣工，之后在该平台基础上开展了多项研究。

图 1　BRE 的飞机座舱环境测试平台 ACE 及配套实验设备

飞机座舱环境测试平台 ACE 主体包括一个空中客车 A300–B4 飞机的前机身，包括驾驶舱、客舱和 2 个厨房。客舱内布局为双通道形式，能容纳 40 个乘客进行实验。在厨房后面能够提供额外的座位或者用来进行其他实验工作。ACE 可在机身座舱内模拟多项实际环境条件，包括温度、风速、湿度、振动、冷热辐射、照明以及空气质量。

（二）欧洲低压飞行环境测试设备 FTF

德国的弗劳恩霍夫建筑物理研究所在欧盟资助下于 2005 年建造了空中飞行环境测试设施 FTF，并在该实验平台上开展了庞大的舒适座舱环境研究计划，用来全面研究各飞行参数对乘客和机组人员身心健康的影响。FTF 主体为内置空客 A310–200 前舱段的低压舱。舱体长 30 米，内部直径 9.6 米，模拟飞机飞行高度可达 27km。座舱内能乘载 80 名测试人员，实现在地面体验安全、经济、舒适的高空飞行环境。

（三）美国麦金利气候实验室

美国麦金利气候实验室（图 2）从 1947 年起开始运转，是世界上最大的环境实验室。实验室主体占地面积约为 $6000m^2$，可以对 30 多种气候环境、天气条件进行研究和模拟。

图 2　麦金利实验室

主环境室是一个绝热的飞机棚，配有加热和冷却能力，可以控制在 -54℃到 +74℃之间的任意温度，通常用于对全尺寸飞机进行环境实验。

（四）国外主要冰风洞

冰风洞模拟了特殊的结冰气象条件，用于开展结冰气象条件下的飞行安全研究。美国、加拿大等国家在 20 世纪 40 年代就开展了大量的结冰研究并先后建立了一批冰风洞实验设备。

美国刘易斯冰风洞是目前世界上规模最大的风洞，于 1944 年建成，1984 年翻新改造。该冰风洞为闭式循环，实验段长约 6.1m，宽 2.7m，高 1.8m；气流速度 2.7 ~ 130m/s，温度 -30℃，液态水含量 0.5 到 $3g/m^3$，水滴平均直径 11 ~ 25 μm，风机功率 3000kW，制冷机功率 4674kW。主要用于飞机机翼、发动机进气道、直升机旋翼等大型构件的结冰研究（见图 3）。

上述一些大型的环境模拟试验设备，是目前世界上较为先进的环境模拟试验平台。它们提供了较为综合获特殊的飞行外部环境，可对整机或大段的机舱进行各类环境考核试验。

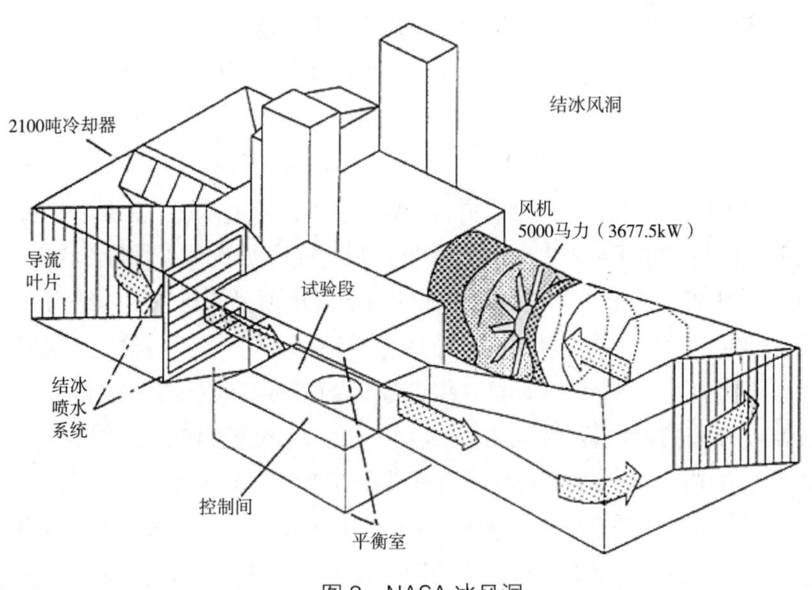

图 3 NASA 冰风洞

三、国内外比较分析

通过环境试验室提供的外部环境，结合飞机舱内环境的控制和模拟，国外研究机构开展了多种研究。例如，基于 ACE 和 FTF 两人实验平台，开展了如下座舱环境研究计划：

座舱空气质量研究计划 CabinAir 研究组包括了 7 个国家中的 16 个组织机构。这个研究计划时从 2001 年 1 月运行到 2003 年 11 月。该项工程致力于研究商业客机的空气质量问题，为改善乘客和机组人员的环境提供技术手段。更为重要的是，他将提供一个欧洲先进座舱空气质量标准草案。该计划的研究工作主要在座舱环境测试平台 ACE 上进行。

舒适座舱环境 FACE 研究计划从 2002 年 4 月开始运行，为期 4 年。该项目主要目的是为欧洲未来的飞机提高座舱舒适度，它研究改善噪声、振动、空气质量等多项因素对座舱环境舒适度影响的技术手段。整个研究计划基于欧洲工业所制定的“飞机研究策略”，分为 2 个部分：一是侧重于改善座舱环境而对先进的技术进行选择；二是使用适当的技术平台对所选择的技术整合进行实验和确认。

舒适座舱环境 ICE 计划是欧洲低压飞行环境测试设施 FTF 实验平台上开展的一项重要研究计划。ICE 属于欧洲第六框架计划，致力于研究普遍关注的商业飞机座舱环境对于乘客身心健康的影响。ICE 联盟包括 8 个欧洲国家的 15 个机构，通过研究，确定座舱环境参数对乘客健康的复合影响。通过使用独创性的大型座舱环境系统（ACE 和 FTF 两大实验平台）来研究变化参数对实验人员的影响。

从上述欧洲的这些研究计划可以看出，目前对于环境模拟设备的需求，已经从早期对于飞机结构安全性考核为主，向考核飞行员驾驶工效、乘坐舒适性的方向发展，需要考核的内容更加全面。从单纯的舱外环境模拟为主，转变成舱外舱内环境共同模拟，通过内部环境舱室和外部环境舱室的组合，模拟出更加丰富的环境效应。

中国某飞机设计研究院在关于高空环境与座舱环境控制方面的研究应该说起步较早，在 20 世纪 70 年代末，该单位就已经论证并筹建了高空环境模拟实验平台，主体结构是 500m^3 的低压舱，用于模拟高空环境。实验时可将战斗机驾驶舱或大型飞机环境系统置于该高空环境中进行全面实验。当时该项目应该处于亚洲第一水平，但是非常可惜的是由于受到所处时代的技术水平限制，最终这些项目在建设后期就面临了搁置状态。直到 21 世纪初，由于 ARJ 研制需求，才有启动了该项目。对该项目的舱体主体结构进行改造，新配置制冷、加温、循环、抽空等系统，最终使该实验设备具备了高空环境模拟和座舱环境模拟两项重要功能。一飞院高空环境模拟设备平台能够满足支线客机、战斗机驾驶舱和环境系统的高空环境模拟实验，但是随着大型飞机、超声速客机、近临近空间飞行器的研究，该高空环境模拟设备也将面临无法胜任复杂环境模拟实验研究的要求。

目前中国飞机强度研究所正在建设一大型环境模拟室，其主要技术参数模仿美国麦金利实验室，建设完成后将提升我国航空环境试验能力。但需要指出的是，该试验由于规模较大，无法模拟真空环境。同时，对于舱内的环境模拟，尚未列入该试验室的建设计划中。

四、展望与对策

军机和民机的发展对于航空环境模拟的需求都是巨大的。环境模拟设备和环境试验技术经历了由单参数模拟到多参数模拟，从静态模拟到动态模拟的发展过程。随着我国航空工业的发展，需要进一步研制功能更为复杂的大型环境模拟设备。美国和欧洲大型航空环境模拟设备的研制无疑为我们提供了很好的思路。

此外，针对多参数、多种效应环境模拟的试验研究还有大量可行的工作。如果今后我国有条件建立整机多参数综合动态环境模拟设备，那么可以进行更多的多参数综合动态环境模拟试验及人机系统综合环境模拟试验。通过再现各种环境条件，进行航空产品的环境适应性和环境可靠性试验，以及人的环境适应性和人机工效等方面的试验。目前，我国的各种工效学、人体舒适性研究中，所考虑的环境都是较为片面的，与真实的航空环境相差甚远，相关多种环境因素的组合影响还属于我们认知的空白区域。

在环境模拟试验的研究中，应该进一步考虑新的影响因素，例如生物环境、逃生环境等特殊的环境。对于这些环境的影响，可以加深我们对于航空环境模拟内涵的认识，丰富学科方向的发展。目前我国在这些方面知识的积累还很有限。应尽早开展这方面的研究，为将来规划大型环境模拟试验设备时，提供必要的数据支持。

航空环境模拟技术是研究与飞机和飞行相关的各种自然环境及诱发环境下的人工再现技术和在模拟环境下的试验技术。根据不同的分类依据，可以分为外部环境和舱内环境；物理环境、化学环境和生物环境；作业环境、乘员环境和逃生环境。目前美国和欧洲均建设了大型多参数、多效应的环境模拟设备，试验包括飞行器环境安全性考核、飞行员人机工效和乘员舒适性等内容，试验内容丰富。我国现有的环境设备能力较为薄弱，在建的试验室完成后可达到美国麦金利试验室的规模。但是相关的环境试验内容还需要进一步规划。此外，对于生物环境、逃生环境等特殊环境的模拟及相关试验设计也应尽早纳入本领域的发展规划之中，以丰富航空环境模拟技术的内容。

参考文献

[1] 中国航空学会人体工程，航医，救生专业委员会. 人机与环境工程专业发展［R］. 北京：2006—2007 航空科学与技术学科发展报告，2007：94-108.

[2] 喻柏林，焦书兰，荆其诚，等. 不同光源对视觉辨认的影响［J］. 心理学报，1980，(01)：46-56.

[3] 肖华军. 战斗机高空供氧防护系统的研究进展［J］. 中华航空航天医学杂志，2002，13（3）：214-217.

[4] 肖华军. 未来战斗机飞行员供氧装备与呼吸生理研究趋势［J］. 中华航空航天医学杂志，2010，21（4）：305-309.

[5] 肖华军. 航空供氧防护装备生理学［M］. 北京：军事医学科学出版社，2005：224.

[6] 肖华军. 飞行员供氧面罩的发展趋势［J］. 中华航空航天医学杂志，1999，10（3）：186-188.

[7] 肖华军. 大飞机座舱压力设计的生理学基础［J］// 中国航空学会大飞机关键技术高层论坛暨学术年会. 深圳，2007.

[8] 肖华军，袁修干. 飞行环境综合因素对飞机氧气装备供氧参数的影响［J］. 北京航空航天大学学报，1997，23（5）：586-589.

[9] 肖华军，刘晓鹏，丁立，等. 战斗机飞行员机动飞行时呼吸不适反应的调查与研究［J］. 中华航空航天医学杂志，2008；19（3）：181-185.

[10] 吴明磊，等. 佩戴头盔模拟飞行 8h 的飞行耐力试验［J］. 人类工效学，2012,（03）：16-19.

[11] 吴明磊，等. 弹射时装显示器头盔对人体的生物力学效应［J］. 中华航空航天医学杂志，2005,（04）：267-271.

[12] 吴明磊，等. 持续性 +GZ 作用下头盔位移的测量分析［J］. 中华航空航天医学杂志，2005,（02）：98-100.

[13] 王辉，武国城. 航空工效学研究进展［J］. 中华航空航天医学杂志，1998，9（3）：180-183.

[14] 刘晓鹏，肖华军，付丽珊. 直升机飞行员防毒面具呼吸性能评价［J］. 航空军医，2004，32（6）：234-236.

[15] 焦书兰，荆其诚，喻柏林. 视场亮度变化对视觉对比感受性的影响［J］. 心理学报，1979,（01）：47-54.

[16] 郭华，吴明磊，王聪，等. 飞行员佩戴防护装具模拟长航飞行时心率变异性的变化［J］. 解放军预防医学杂志，2012,（03）：180-183.

[17] Fang Ai. Boeing eyes comfortable design in cabin［J］. International Aviation，2002（5）:44.（in Chinese）方艾. 线条颜色图案光线——现代客舱的舒适性设计［J］. 国际航空. 2002（5）：44.

[18] Xiao Huajun. The physiological requirement on the concentration of aircrafts' oxygen supply equipment［C］// Proceedings of 29th SAFE Annual Symposium.Las Vegas，1991. Nevada：SAFE Association，1991:192-194.

[19] Xiao Huajun，Zang Bin，Liu Xiaopeng.The Denitrogenation by Breathing Oxygen-rich Gas to Prevent Altitude Decompression Sickness. Chininies Journal of Applied Physiology，2012，28（6）:568-571.

[20] Gretchen Haskins. Safety First: A Strategy for Human Factors in Civil Aviation［R］. Civil Aviation Authority. 2013:15.

[21] Easa. Study on Cs-25 Cabin Safety Requirements［R］. 4208/R/000454/KK，2009: 10.

[22] Rash C E，Russo M B，Letowski T R et al. Helmet-Mounted Displays: Sensation，Perception and Cognition Issues［R］. A220225，2009:47-72.

[23] Owen，M.，Galea，E.R.，Lawrence，P. J. and Filippidis，L. The Numerical Simulation Of Aircraft Evacuation And Its Application To Aircraft Design And Certification. The Aeronautical Journal of The Royal Aeronautical Society，June/July 1998，301-312.

[24] Knezevic J. Chief mechanic: the new approach to aircraft maintenance by Boeing［J］. Journal of Quality in Maintenance Engineering，1999，5（4）：314-325.

[25] Avers K B，Johnson W B，Banks J O，et al. Prioritizing maintenance human factors challenges and solutions: Workshop proceedings［R］. DOT/FAA/AM-11/11，2011: sec1vii.

[26] Birt J，Snyder M，Duncanson J. Human Factors Design Guide for Acquisition of Commercial-off-the-shelf Subsystems，Non-Developmental Systems［R］. DOT/FAA/CT-96/1，1996:1-1.

[27] Jenkins J C. Arc Segment Attitude Reference（ASAR）Head-Up Display（HUD）Symbology as a Primary Flight Reference Test and Evaluation［R］. 0704-0188，2008: 13.

[28] James CH.US Navy Marine Corps Programs for Aircrew Chemical-Biological（CB）Protection［C］//Proceedings of SAFE 29th Annual Symposium，Phoenix，1991.Arizona:SAFE Association，1991:156-160.

[29] Michael P H. NextGen Implementation Plan 2012［EB/OL］. Federal Aviation Administration. http://www.faa.gov/nextgen/implementation/media/NextGen_Implementation_Plan_2012.pdf.

[30] Hackworth C，Holcomb K，Dennis M，et al. An international survey of maintenance human factors programs［R］. DOT/FAA/AM-07/25，2007: 1-10.

[31] Geiselman E E，Havig P R. Rise of the HMD: the need to review our human factors guidelines［C］//Proceedings of SPIE，the International Society for Optical Engineering. Orlando: Society of Photo-Optical Instrumentation Engineers，2011: 804102-804102-11.

[32] Galea E R，Owen M，Lawrence P. The Role Of Evacuation Modelling In The Development Of Safer Air Travel［C］// Proceedings of AGARD PEP 88th Meeting on Aircraft Fire Safety. Dresden，1997: 36.1-36.13.

[33] Galea E R，Blake S J，Lawrence P J，et al. The airEXODUS evacuation model and its application to aircraft safety［M］. London: CMS Press，2001: 18.

[34] Galea E R.，Owen M，Lawrence P. Computer modelling of human behaviour in aircraft fire accidents［J］.

Toxicology, 1996, 115（1）: 63–78.

[35] Galea E R, Galparsoro J M. A computer–based simulation model for the prediction of evacuation from mass–transport vehicles [J]. Fire Safety Journal, 1994, 22（4）: 341–366.

[36] Galea E R. A general approach to validating evacuation models with an application to EXODUS [J]. Journal of Fire Sciences, 1998, 16: 414–436.

[37] Michael P H. NextGen – Implementation Plan [R]. 2013 NextGen – Implementation Plan. Washington, DC: Federal Aviation Administration, 2013: 4–10.

[38] John E, Richard L M. Advanced oxygen system for aircraft [J]. North Atlantic Treaty Organization. Neuilly–Sur–Seine, France: Canada Communication Group.2005:21–33.

[39] David C F, Allen G, Becky L H. NASA Aviation Safety Program Conference on Human Performance Modeling of Approach and Landing with Augmented Displays [R]. NASA Ames Research Center, 2003:3.

[40] West Sussex. Cabin Air Quality [R]. Civil Aviation Authority, 2004: 1, 1–5.

[41] Brian P S. A Comparison of the field of view of three chemical defense masks [J]. SAFE Journal 1999, 29（2）: 79–84.

[42] Blake S J, Galea E R, Gwynne S. Examining the Effect of Exit Separation on Aircraft Evacuation Performance Using Evacuation Modelling Techniques: "is the 60 Foot Rule Relevant?" [M]. United Kingdom: CMS Press, 2001:32.

[43] Bailey R E, Kramer L J, Williams S P. Enhanced vision for all–weather operations under NextGen [C] // Jeff J. Güell; Kenneth L. Bernier, Orlando. SPIE Defense, Security, and Sensing. Orlando, FL: International Society for Optics and Photonics, 2010: 768903–768903.

[44] Bailey R E, Shelton K J, Arthur III J T J. Head–worn displays for NextGen [C] // Proc. of SPIE Vol, 2011: 80410G–1.

[45] Bailey R E, Arthur III J T J, Williams S P. Latency requirements for head–worn display S/EVS applications [C] // Proc. of SPIE Vol. 2004: 99.

[46] Arthur III J T J, Prinzel III L J, Shelton K J, et al Synthetic Vision Enhanced Surface Operations With Head–Worn Display for Commercial Aircraft [J]. The International Journal of Aviation Psychology, 2009, 19（2）, 158–181.

[47] NextGen Advanced Concepts & Technology Development Human Factors Division. Air Traffic Control/ Technical Operations Human Factors Research Plan and Process [R]. USA: Federal Aviation Administration, 2013: 1–36.

撰稿人：肖华军　王黎静　黄　勇　苏炳君　李运祥

飞行器制导、导航与控制系统学科发展研究

一、引言

制导、导航与控制（guidance navigation and control，GNC）主要研究航空、航天、航海、陆行各类运动体的位置、方向、轨迹、姿态的测量、控制与决策问题，是国防武器系统和民用运输系统的重要核心技术之一。

飞行器 GNC 技术范畴除了制导、惯性导航 / 组合导航、飞行控制 / 综合控制 3 大系统平台技术外，还包括导引头、制导组件、惯性器件、作动器、传感器、电子与计算机、制导律 / 控制律、飞行关键软件与仿真技术等诸多方面。对于飞行器而言，GNC 系统是飞行的基本关键要素，是飞行器“大脑神经”“运动感知”和“执行驱动”系统。其功能、性能对整个飞行器的综合技术水平、飞行安全、任务效能的发挥和生存力，都会产生至关重要的影响，在现代飞行器上具有越来越重要的地位，主要体现在以下 3 个方面：

（1）GNC 系统属于飞行安全关键和任务关键系统，可靠性和性能要求高

飞行器的运动直接取决于其搭载的 GNC 系统，对于现代飞行器尤为如此。如果没有 GNC 系统，飞行器将无法实现安全可控的飞行，机动动作的完成、按时准确飞行到指定位置、对目标的精确打击更是无从说起。同时，GNC 系统的可靠性要求非常高，GNC 系统的失效意味着“机毁人亡”，例如，战斗机电传飞行控制系统的安全可靠性要求为系统失效率低于 10^{-6} ~ 10^{-7}/ 飞行小时，民用飞机主飞行控制系统失效率要求为低于 10^{-9}/ 飞行小时。又如，以 RNP 规范为例，飞机导航定位的完好性要求为 10^{-7}/ 飞行小时。

（2）GNC 系统构成复杂，技术难点多

飞行器 GNC 系统的开发涉及多学科的理论基础和应用技术，主要包括：控制理论、空气动力学和飞行力学、导航原理、地球物理、可靠性理论、人工智能、信息论、运筹学、电子计算机、软件工程、精密机械、光学工程、人素工程、系统仿真等。作为多学科技术综合的实现载体，同时为了更好地实现既定功能，GNC 系统必然是一个复杂的大系统，

存在方方面面需要解决的技术难点。

（3）GNC技术在国外发达国家受到广泛重视，各国竞相大力发展

飞行器GNC技术属于航空领域的高新技术，具备典型的“小投入大产出”特征，含金量高，世界各发达国家均将其作为重要的发展方向。纵观世界航空强国，无一不在GNC领域具有深厚的理论和工程积淀，而且还在进一步大力发展。例如，美国空军2010年发布的《2010—2030技术地平线报告》中，列出了110个关键技术领域，并从中归纳出了发展优先级最高的27个技术领域，其中与GNC技术密切相关的有16个，包括自主系统、自主推理与学习、复杂自适应系统、合作/协同控制、自主任务规划、冷原子惯性导航系统等典型代表性技术领域。

正是由于GNC技术的进步，才使飞行器有了更大的设计空间，也大大提高了飞行器的能力。典型现代飞行器如F-22/F-35/苏-35等先进战斗机、飞翼布局的战略轰炸机B-2、非常规布局的无人作战飞机X-45和X-47、变体飞机以及各种发展中的先进飞行器，无一不依赖于先进的GNC技术。其中制导系统基于任务和平台特性，给出控制指令、引导飞行；导航系统感知平台运动，为制导与控制系统提供闭环反馈信息；飞行控制系统与飞行平台紧耦合，控制广义操纵面、改善品质。三者紧密结合，给予了现代飞行器更广阔的设计空间，为飞得更快、更远、更高、更灵活、更长时、更隐蔽提供了技术支撑，保障最终实现精确定位、准确到达、稳定飞行、机动作战、安全舒适、可靠运行的总体目标。

本报告重点对国内外GNC技术的发展现状以及国内外的技术差距进行阐述和分析。此外，给出了我国GNC领域未来需要重点发展的关键技术，并针对发展趋势给出若干建议。

二、我国飞行器GNC技术发展现状

近年来，国内围绕多种先进飞行器深入开展了各项研究和工程化实践，GNC技术也得到了长足的发展，已取得突破的先进GNC技术概述如下。

在制导技术方面，在导弹制导与控制领域，目前已经突破了高精度中制导技术，形成了面向导弹应用的通用小型GNC一体化制导系统产品并批量装备。同时复合制导、网络化协同制导等先进制导技术正在逐步走向实际应用。在无人机飞行控制与管理领域，固定翼自动起降技术已经达到成熟水平，直升机的自动起降达到可实际应用水平，火飞耦合自动对地攻击技术已经投入使用，无动力滑翔着陆技术已经进入型号。此外值得一提的是，在中航工业创新基金的支持下，面向无人机自主性要求的未知环境下在线航迹重规划技术于2012年完成了实际的飞行验证，达到了ACL4级水平。总的来说，目前国内制导技术领域正随着导弹和无人机的蓬勃发展而飞速进步，基本满足了军民用任务领域的需求。未来的发展重点集中于导弹末制导技术、高精度中制导技术、多飞行器协同制导技术、小型一体化低成本制导系统技术等主要方向。

在导航技术方面，国内惯性技术经过多年的预先研究和应用发展，已经形成了一定

规模的研发和生产能力，建成了比较现代化的实验室，拥有一批惯性技术研究与生产队伍，研制出了种类丰富、具有自主知识产权的惯性仪表和系统。目前已突破了激光/光纤/MEMS捷联惯导系统工程应用技术、多信息源综合/融合导航技术等关键技术。激光捷联惯导系统已经全面批量装备三代机、四代机、大运、舰载机等主力飞机，光纤陀螺、MEMS惯性器件的精度不断提升，多惯导冗余、惯性/卫星深组合、惯性/天文组合、惯性/地形匹配、导航信息融合、四维制导等先进导航技术正逐步实现工程化应用。此外BD2卫星导航系统的组网运行可为国内及周边国家提供导航服务，大大降低了对GPS的依赖程度。这些都有力支撑了我国飞行器发展，促进了国防现代化的建设。目前导航技术领域已基本明确了惯性元件技术、惯导系统技术、综合导航与飞行管理技术3个主要发展方向，正在开展新原理、新方法、新途径的深入研究。

在飞行控制技术方面，已突破了电传飞行控制（FBW）、局部光传控制、变权限自主智能控制、多操纵面综合控制、多余度/非相似余度软硬件配置与管理等先进技术。国内三代机、四代机、舰载机、大运等有人机上均全面采用了余度电传飞行控制系统。射流管伺服阀、直接驱动阀式作动器、串行背板总线计算机等先进飞控系统部件技术也已经实现了工程化应用。2012年成功完成了多余度光传飞行控制系统的搭载试飞，验证了光位移传感器、光背板计算机等关键技术。此外，2012年底舰载机成功着舰、2013年初大型运输机成功首飞，在国内首次实现了舰载机和大飞机飞行控制系统的工程化应用。在突破全权限多余度数字电传飞行控制技术之后，目前飞行控制技术正朝着两个主要方向延伸发展：面向飞行性能要求的综合化管理与控制，以及面向自主能力等级要求的自主化决策、管理与控制。

三、飞行器GNC技术国内外比较分析

（一）国外GNC技术发展概述

GNC技术的主要推动来自于军事用途的需求升级，美国军用飞行器的发展基本代表了世界顶级水平。进入21世纪以来，美国空军正在构建强大而完善的网络化作战体系（图1），目的是通过先进的网络化、信息化手段，将各种作战飞行器和武器系统平台进行有效整合，形成体系作战和对抗的能力，从而提高整体作战效能。

在上述背景下，近年来与平台和任务紧密相关的GNC技术伴随着网络化作战体系和飞行器平台的发展，取得了显著进步。

在新一代作战飞机方面，美国在成功研制四代机F-22、JSF后，曾提出第五代（国外称第六代）战斗机的概念，波音、洛克希德·马丁等航空巨头也提出过一些概念机方案。方案中都提到第五代战斗机可能采用变体结构。虽然变体飞机尚处于多种方案的概念研究阶段，美国空军已就第五代战斗机、变体飞机、低成本隐身战斗机等四代后战斗机相

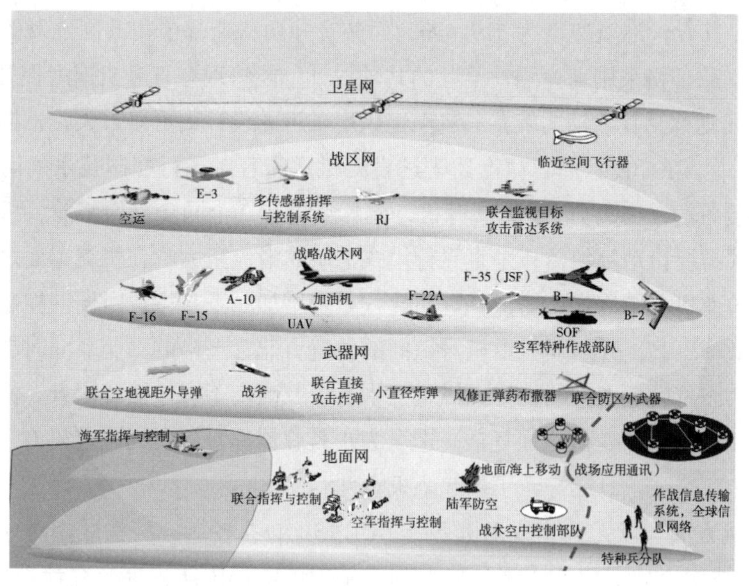

图 1　美国空军网络化作战体系

关的关键技术广泛开展了研究，取得了显著研究进展，衍生出了变体飞行器智能蒙皮分布式传感 / 控制 / 作动、多模态控制切换、分布式导航等一系列新的 GNC 研究方向。日本于 2012 年也抛出了所谓的“五代机标准”，强调“i3”，指的是信息化、智能化、敏捷性，并给出了 7 项支撑的基础技术，其中无人机“群控制”、光传操纵系统等先进 GNC 技术赫然在列。同时美国有限规模地重新启动了下一代轰炸机的研制。早在 2009 年初，前国防部长盖茨曾取消了美国空军下一代轰炸机的研制经费；2010 年 6 月 24 日，美国空军负责作战、计划和需求的副参谋长菲利普 · 布利德罗夫中将宣称：“下一代轰炸机已死”。但是美国国防部在 2013 财年的预算申请中为“远程打击”（long range strike，LRS）项目申请了近 2.92 亿美元的经费，包括远程打击轰炸机，并在 2013—2017 财年的多年国防规划中为该项目列编了 63 亿美元。远轰背后的关键 GNC 技术包括高可靠多余度综合飞行控制、适应于远航程 / 长寿命的主动控制、高精度远程自主导航等。此外，按美军高层人员的建议，未来的远轰应具有加装大功率激光、微波等定向能武器的能力，这意味着光传飞行控制技术的采用也将成为必然。

在旋翼飞行器方面，当前技术发展重点是保持直升机原有垂直起降和低速机动能力的同时，不断提升最大飞行速度。为此美国国防部制定了“未来垂直起飞（Future Vertical Lift，FLV）”项目计划，预计耗资 1 万亿美元，旨在研发出新型直升机用以取代美军现有的 UH-60“黑鹰”通用直升机机群和 AH-64“阿帕奇”武装直升机。按美军要求，新型直升机的飞行速度应达到 426km/h。最新进展是计划在 2013 年 9 月之前与合作公司签订“联合多用途（Joint Multi-Role，简称 JMR）技术验证机（Technology Demonstrator，TD）”协议，并在 2017 年生产出第一架 JMR TD 飞机，目前参与竞标的公司包括贝尔、波音、西科斯基等直升机巨头和 AVX 公司。候选设计中贝尔计划推出 V-280“VALOR”第二代倾转旋翼机，其设计巡航速度为519km/h；而波音和西科斯基公司共同开发的机型则基于西科斯基X–2原型机采用高速刚性桨叶的共轴设计，能将现有直升机速度提升约180km/h；AVX飞机公司则称，其共轴式旋翼和双涵道风扇推进的设计则可以最大化发挥速度和起飞方面的性能。就GNC技术而言，上述先进直升机意味着对飞行控制技术的巨大挑战，例如目前美国装备的V–22倾转旋翼直升机，机翼翼尖有2个同步旋转桨舱，机构复杂、控制困难；旋翼需要自动倾斜器；垂直飞行模式下旋翼滑流正面吹在机翼翼面之上，升力损失较大，并迫使机翼结构强度增加，进而导致重量增加；垂直飞行时俯仰控制完全由旋翼提供，操纵效率不高，并对质心沿机身纵向的位置有非常严格的限制。同时在模态转换阶段会出现高动态特性、大非线性、操纵量强耦合以及高度不确定性等因素，使得过渡模式下的飞行控制系统设计变得更加复杂。迄今为止其旋翼垂直起飞到固定翼前飞的模态转换控制技术尚未完全成熟，已导致了多起坠机事件。

在无人机方面，以无人作战飞机系统（UCAS）自主控制、高精度相对导航等技术为代表的GNC技术得到了广泛重视。典型例子是美国防部国防先期研究计划局（DARPA）分别与空军、海军联合研制的X–45空军型和X–47海军型无人作战飞机。X–45无人作战飞机用于执行压制敌防空系统的任务；X–47计划部署在航母上，执行监视、打击以及压制敌防空火力等任务。近年来，根据零星披露的信息，美国目前已经实现了无人机在线任务/航迹重规划、编队相对导航与控制、自主着陆/着舰控制、自主空中加油等关键GNC技术的演示验证。例如，2011年3月，一架无人验证机在13716m高空与一架“全球鹰”无人机成功地进行了空中加油试验；2012年10月23日在太平洋万米高空，两架改进型“全球鹰”无人机编队飞行，顺利完成了空中自主加油试验；2013年5月17日，美国海军X–47B在“布什”号航母上成功进行了触舰复飞试验，7月10日下午，成功实现了历史性的自主着舰。此外2012年底，欧洲首架无人驾驶隐形战机“神经元”（Neuron）验证机在法国南部顺利首飞，这表明欧洲也在无人作战飞机的自主控制与导航技术领域取得了突破。

在新型武器平台和新式空中武器方面，美国同样倾注了大量精力。美国启动了一系列的新型飞行器研究与开发项目，率先将飞行空域从稠密大气层拓展到了临近空间稀薄大气层。据美国国会研究部2012年6月发布的报告，美国国防部和各军种围绕超高音速技术的项目已成“集束发展”之势，可统计的方案有10多种，涉及助推–滑翔、巡航、空间轨道机动、再入轨等最有可能取得突破的前沿技术，总投资累计超过30亿美元。代表性的项目包括NASA的Hyper–X项目（X–43A）、美国空军的“冲浪者”（SED）计划、美国海军和国防部的“高超声速飞行”（HyFly）计划、美国国防部预研局开展“猎鹰”FALCON计划等，这些计划中的新型飞行器的飞行空域主要都在近空间。2012年12月12日，第2架X–37B空天飞机在佛罗里达帕特里克空军基地发射成功，这是X–37B的第3次发射，也是去年全球第6次超高音速武器试验；2013年5月1日，X–51A“乘波者”试验飞行器成功进行了最后一次试飞，实现了以吸气式超燃冲压发动机为动力的马赫数5持续高超声速飞行目标。这些新型飞行器发展的背后离不开GNC技术的有力支撑，包括大包线自适应/鲁棒飞行控制技术、高精度/高带宽伺服技术、高动态环境下的精确自主导航技术等。

在民用领域，波音、空客等民用航空巨头在近年也各自推出了波音787和A380为代表的新型大型民用客机。GNC系统的结构进一步简化，波音787和A380均取消了用于应急的机械备份控制系统，而且均取消了独立的自动飞行控制计算机，其功能完全综合到电传飞控计算机中，同时A380飞行控制系统采用了多电设计，确立了功率电传技术在民机领域的发展趋势。在控制律设计方面，A380采用了刚体运动与结构模态一体化设计的控制律，不仅减轻了结构重量，而且大幅提升了乘坐舒适性。在导航技术方面，以余度激光捷联惯导为核心的飞行管理四维制导系统提高了定位的精确性、完好性。此外，为进一步提升系统可靠性，非相似余度技术也在最新的大型民用飞机上得到了广泛应用。

总的来说，根据国外近年来先进飞行器领域的应用和发展，GNC技术所面临的挑战（图2）主要来自以下先进飞行器平台的发展方面：

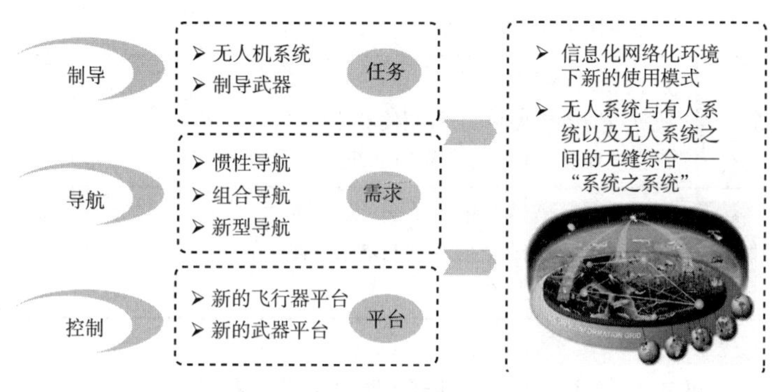

图2　GNC技术面临的挑战

1）下一代作战飞机的研发（含固定翼和直升机平台）；

2）先进无人飞行器（作战、侦查、指挥、通信）的研发；

3）远程战略投送/打击飞行器的研发；

4）高超声速飞行器平台的研发。

综合上述各种先进飞行器的特点，GNC技术需要解决现代飞行器长航时、大航程、大包线、高动态、不稳定、多耦合、不确定、强干扰等多方面因素所带来的技术问题。三者未来的发展紧密联系但各有侧重，具体而言，制导领域主要着眼于所执行的任务，实现无人机系统和制导武器的精确导引；导航需要根据实际飞行器需求的导航精度，给出适用的导航方案；控制则需要针对新的飞行器平台，实现满足飞行品质要求的稳定飞行控制。同时三者相辅相成，共同支撑未来信息化网络化环境下新的飞行器使用模式。

（二）国内外比较分析

从飞行器平台的角度出发，表1简单小结了国外先进飞行器GNC技术能力水平的现状。从中不难看出，尽管无法获取具体的 GNC 技术细节，但整体从已实现的功能和能力来看，我国在 GNC 技术领域与世界领先水平目前仍存在较大的差距。

表 1　国外先进飞行器 GNC 技术水平一览表

先进飞行器	国外领先技术水平
下一代作战飞机	四代已装备，1990 年 F22 首飞，论证第五代作战飞机 综合飞 / 推控制技术产品化多年 导航系统重 10kg，定位精度达到 0.3nm/h，MTBF ＞ 5000 h 采用电传控制技术的先进直升机已列装
先进无人飞行器	GNC 技术已随无人机谱系化不断成熟 （大、中、小、微型，高、中、低空） 无人作战飞机自主能力等级接近 6 级 已突破编队飞行、空中加油、自主着舰关键的相对导航、高精度抗扰控制技术 续航时间最长达 240h 导航系统 MTBF ＞ 5000h
远程作战飞机	B–2、B–3 概念机 飞翼布局多操纵面综合控制技术成熟 高精度导航系统定位精度 0.1nm/h
高超音速飞行器	X–43、X–51、X–37B 等 多次马赫数大于 5 的实际飞行演示验证 最高马赫数超过 20

针对未来国内外正在或未来计划发展的典型先进飞行器，结合 GNC 技术的能力要求和所面临的挑战，详细比较分析国内外的技术差距。

1. 新型作战飞机

就四代和四代后新型作战飞机而言，目前美国已经批量装备 F–22，正在进行 F–35 的试飞验证和第五代作战飞机的论证，其中 F–22 于 1990 年首飞，F–35 于 2006 年首飞。俄罗斯的四代原型机 T–50 也于 2010 年完成了首飞。目前四代后作战飞机国外尚在论证中，其典型特征尚无定论，但至少可以确定以下特征是必须具有的：超音速巡航、全方位隐身、气动不确定性强、非常规操纵面、更强的机动性、敏捷性。对 GNC 技术能力的要求主要体现在主动气流控制、连续的和离散的分布式控制系统设计与综合、新型埋入式传感器、作动器和控制紧耦合、综合飞行 / 推力控制、高精度自主导航等先进技术的实现。与世界先进水平相比，我国四代机 GNC 相关技术还远未成熟，四代后相关技术处于概念探索阶段。

在导航技术领域，我国现役航空激光惯导系统产品在性能、重量和可靠性等关键指标上与世界先进水平尚存在一定差距。例如美国标准航空激光惯导 Litton 公司的 LN–93 标称指标 0.8nm/h，实际飞行试验统计指标达到了 0.3nm/h，通过软件升级的产品 LN–93E 则达到了 0.2nm/h 精密级惯导的水平，国外典型激光惯导系统重量约为 10kg，MTBF 大于

5000h。在光纤惯导领域，国内中低精度光纤系统水平与国外的差距在逐渐缩小，但在成本、体积、功耗、可靠性、集成度、环境适应性等工程化方面仍有差距。国内 MEMS 惯性技术近年来已有较大突破，在弹药武器方面已有所应用，但与国外相比，国内 MEMS 的成品率较低、集成度不高、性能较差，量产还有漫长的路要走。

在飞行控制领域，目前从系统到部件均与国外先进水平存在较大的差距。例如国外新型作战飞机如 F-22、F-35、Su-35、T-50 等普遍采用了已经成熟的综合飞 / 推控制技术，F-35 在所有主操纵面上（襟副翼、方向舵、平尾）采用了基于 EHA 方案的功率电传技术，国外现役直升机如 NH90 等早已实现了电传控制，而我国在上述领域尚未实现工程化应用的突破。此外在飞行控制律设计方面，国内针对现代控制理论的工程化应用基本空白，而美国不仅通过多种 X 系列验证机开展了早期研究，如 X-29 前掠翼飞机的电传控制律采用最优二次型方法设计，X-36 针对无尾布局验证了神经网络动态逆飞行控制律，并已在飞行控制领域实现了工程化应用，如 F-35 采用了动态逆飞行控制技术，B-2、F-22 采用特征结构配置法设计了横侧向控制律。

2. 先进无人飞行器

先进的无人飞行器要求能够自主起飞 / 着陆，具有自主威胁 / 障碍回避、协同及群控能力，部分无人飞行器具有长航时、隐身、超音速等典型特征，且可能为变体飞机，同时部分无人飞行器还具有微小化的趋势。对 GNC 技术能力的要求主要体现在自主控制与决策、健康管理、相对导航、新物理效应作动器、GNC+C（通信）一体化、网络化协同制导等先进技术的实现。

以美国为例，其无人机发展已经实现了大、中、小、微型，高、中、低空的谱系化，GNC 技术也随之而不断成熟。近年来更是成功实现了无人机编队飞行、无人机空中加油、无人机自主着舰等具有划时代意义的飞行演示验证，UCAV/UCAR 自主能力等级已接近 6 级，而且长航时无人机的续航时间最长达到了 240h，各方面都展现出超强的实力。而我国目前才刚刚完成无人机 ACL4 级的飞行演示，无人机的最长飞行时间为几十个小时。从 GNC 技术的角度出发，我国在自主制导、相对导航、长航时高精度自主导航、精确飞行控制、自主决策与管理技术等方面均与美国存在巨大差距，同时已有产品的可靠性也达不到世界先进水平。

3. 远程战略投送 / 打击飞行器

远程作战飞机对携弹量、航程、杀伤性、生存性、多用途以及全寿命周期的使用维护成本都有很高的要求，多采用非常规布局，具备隐身能力。针对长达 35 ~ 40 年的服役期限、不断演进的使用需求以及新技术飞速发展的冲击，不断面临技术改进和升级的需求，从而对相关技术的研究提出了更高的挑战。要求更高的开放性、可靠性、安全性、自动化程度，以保证实现战略性威慑的任务效能。对 GNC 技术能力的要求主要体现在高可靠多余度综合飞行控制、适应于远航程 / 长寿命的主动控制功能、面向飞行和作战任务的 GNC

一体化、适应于非常规布局的控制分配与故障 / 损伤重构、总线开放式体系结构（功能扩展和系统升级）、综合健康管理、精确的远程自主导航（不依赖卫星导航系统）、低空 / 高空突防等先进技术的实现。

美国 20 世纪已经装备了 B-2 隐身远程轰炸机，目前正在开展新一代远程战略作战飞机的方案研究，其核心的飞翼布局多操纵面综合控制技术已经成熟，掌握非常规气动布局飞机的控制技术、实现了阵风减缓、机翼机动载荷控制、直接侧力控制以及低空突防地形跟随 / 回避等功能。同时支持远程飞行的精密级惯性导航系统定位精度达到了 0.1nm/h。我国远程作战飞机上述相关 GNC 技术目前基本上还处于预先研究阶段，很多关键技术还停留在仿真水平，距离工程化实现还有相当的距离。

4. 高超声速飞行器

高超声速飞行器一般为乘波体构型，要求飞行马赫数大于 5，且跨越大气层至近地轨道飞行，所处的温度和电磁环境恶劣。对 GNC 技术能力的要求主要体现在高度综合的一体化飞行 / 推进控制、强鲁棒性自适应飞行控制、高精度 / 高动态的姿态和航迹控制、高精度 / 高带宽的运动传感器和伺服作动、适应高动态环境的精确自主导航等先进技术的实现。

美国利用 X-43A、X-51A、X-37B 等平台已经完成了多次高超声速的飞行试验，其中 2004 年 X-43A 达到了 10 马赫数飞行速度，2013 年 X-51A 实现了 5 马赫数的持续飞行，X-37B 的最大飞行速度则超过 20 马赫数。相比而言，国内 2012 年首次实现了轴对称式高超声速飞行器成功试飞，飞行高度超过 20km，飞行速度大于 5.0 马赫数，初步验证了吸气式超燃冲压发动机及轴对称式飞行器的制导与控制技术。乘波体构型的高超声速飞行器制导与控制技术目前仍处于理论研究和仿真阶段。

总的来看，上述所涉及的各种先进飞行器所要求的 GNC 技术与国外先进水平（美国）相比，存在的差距可归纳为：

1）GNC 系统体系结构设计技术需深入研究；

2）先进 GNC 部件技术仍需进一步发展；

3）先进控制策略和技术的工程化应用需要深入研究；

4）高性能惯性导航技术与国外先进水平差距较大；

5）综合导航技术理论研究和工程化应用水平有待提升。

四、我国 GNC 技术发展展望与对策

（一）我国 GNC 领域未来需重点发展的关键技术

未来“陆海空天电”环境下的联合作战模式，体系作战、信息攻防的作战特点催生着多样化新型飞行作战平台和武器的诞生，这对飞行器的 GNC 技术及产品提出了一系列新

的要求。此外，我国经济持续、稳定的发展，带来民航运输、通用航空以及机械电子信息行业等市场的兴起，也为 GNC 领域的发展提供了更大空间。

目前飞行器 GNC 技术领域的发展趋势（图 3）如下：

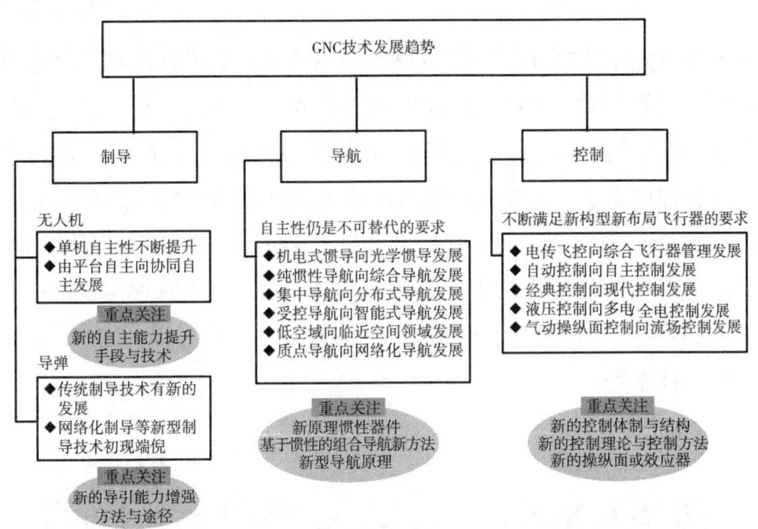

图 3　GNC 技术发展趋势

1）在制导技术领域，对无人机而言，国内外目前主要围绕航迹在线重规划、制导与控制一体化机动轨迹跟踪、多平台协同控制等方面展开研究，重点面向无人机自主飞行中的各种不确定性问题，聚焦于新的自主能力提升手段与技术研究；对导弹而言，一方面红外制导、激光制导、毫米波制导、多模复合制导等传统制导技术有了新的发展，另一方面以协同制导为代表的新型制导技术初现端倪，研究重点在于各种新的导引能力增强方法和途径。

2）在导航技术领域，目前仍以导航系统的自主性要求为核心，体现出机电式惯导向光学惯导发展、纯惯性导航向导航综合发展、集中导航向分布式导航发展、受控导航向智能式导航发展、低空域向临近空间领域发展、质点导航向网络化导航发展的特征，相应的研究重点主要集中于三个方面：新原理惯导器件、基于惯性的组合导航新方法和新型导航原理。

3）在飞行控制技术领域，目前的发展趋势可概括为电传飞控向综合飞行器管理发展、自动控制向自主控制发展、经典控制向现代控制发展、液压控制向多电 / 全电控制发展、气动操纵面控制向流场控制发展、高成本高可靠向低成本高可靠发展。国内外目前主要围绕新的控制体制与结构、新的控制理论与控制方法、新的操纵面或效应器等三个主要方向展开重点研究。

此外，值得重视的是，目前飞行器所处的信息化、网络化环境也给 GNC 技术的发展带来了新的挑战，衍生出网络化制导、网络化导航、网络化协同控制等新的研究和应用方向。

根据上述技术发展趋势，为了适应武器装备发展和民用领域应用需求，我国 GNC 技术的研究和应用方向应围绕以下关键技术展开。

1. GNC 系统总体设计技术

有关系统全局的总体综合设计技术对整个 GNC 系统的设计起到了牵引和带动作用，对 GNC 系统其他关键技术的研究和发展提出明确要求，涉及系统需求分析、系统功能 / 性能设计、系统体系结构设计、系统人机接口设计、系统软 / 硬件设计与综合等主要方面。面向未来先进飞行器的需求，需要重点发展的系统总体技术主要包括面向无人自主飞行器的分层递阶结构智能控制体制、网络化协同制导 / 导航 / 控制等关键技术；以及面向各类飞行器的分布式体系结构与综合设计分析技术、GNC 系统健康管理与重构技术、电传 / 光传 / 全电 / 多电飞控系统总体技术、GNC 一体化技术（图 4 ）、系统仿真与试验技术和低成本系统设计实现技术等。

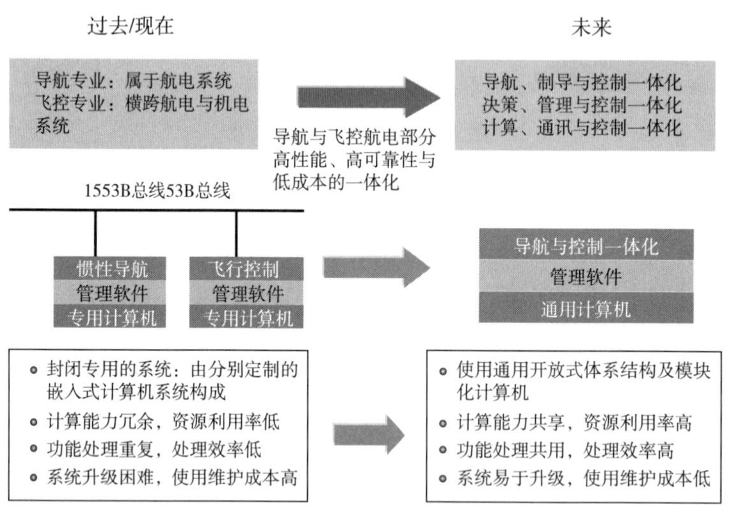

图 4　GNC 一体化

2. 先进 GNC 部件技术

系统部件是系统设计实现的基石，往往代表了系统的先进性。对于 GNC 系统而言，涉及的核心部件主要包括导弹导引头、惯性器件、位移传感器、计算机、伺服作动器等（图 5 ）。导引头方面需重点关注毫米波、激光等先进导引头技术以及多模复合制导技术的发展；惯性器件技术方面需要进一步提升现有惯性器件的精度和可靠性，同时大力开展新原理惯性器件的研究，重点主要包括大过载宽量程陀螺 / 加速度计技术、ZLG 激光陀螺技术、闭环光纤陀螺技术、高精度 MEMS 惯性器件技术、超导陀螺技术、原子干涉仪等；在高精度抗干扰传感器技术方面，重点研究大行程 / 高精度电磁传感器技术，以及高可靠 / 低噪声光传感器技术等；在基于先进总线的模块化计算机技术方面，重点研究高可靠

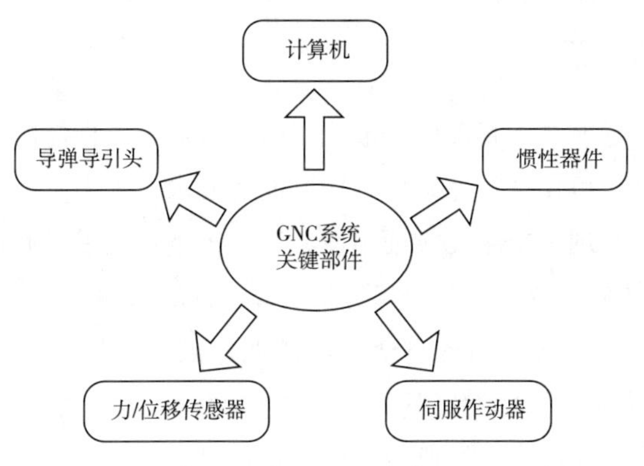

图 5 GNC 系统关键部件

计算机系统集成技术、模块化分布式计算机技术、光传总线互连技术、高压大功率伺服电子技术、SOC 开发与应用技术等；在高精度高带宽液压 / 机电伺服作动技术方面，重点突破超高压高温电液伺服作动技术、功率电传作动技术、智能作动器技术、光传作动器技术、创新效应器作动技术等。

3. 先进制导 / 控制策略技术

先进制导 / 控制策略技术是有效提升 GNC 系统能力的“软技术”，在整个 GNC 技术体系中具有举足轻重的地位，未来需要面向先进无人飞行器重点发展智能自主控制技术，包括复杂环境下的多约束离线 / 在线航迹规划技术、高精度航迹跟踪技术、制导 / 控制一体化解算技术等；同时需要针对特定新型飞行器研究适用的控制算法和策略，如短距 / 垂直起降飞机、倾转旋翼飞机、变体飞机、未来新构型新概念飞行器等；还需要面向各种先进飞行器大力发展综合控制技术，包括综合飞行 / 推力控制技术、多操纵面综合控制与分配技术等；此外还需要大力推动现代控制理论的工程化应用，包括面向大飞行包线、变体的对象自适应控制技术、面向对象不确定性的鲁棒控制技术等，并深入研究针对现代控制理论应用的新的飞行品质评定方法与途径。

4. 高性能惯性导航技术

高性能惯性导航技术未来的发展应着眼于两个方向。一方面立足于现役惯性导航系统，通过惯性传感器多源耦合误差精确建模、系统误差辨识和补偿、地球重力异常精确测量和抑制、系统精确调制技术、快速对准和在线测漂等系统技术和惯性器件加工工艺改进、系统装配调试工艺改进技术等提升现役惯导的性能，满足新一代航空武器平台对高精度导航系统的需求。另一方面立足长远，需要重点跟踪和发展基于新型导航原理的相关技术，对基于冷原子干涉仪和原子时钟的定位精度有望优于 10m/h 的超精密级惯性导航系统架构技术、标定技术、补偿技术、导航算法技术和器件技术应立即着手研究，同时分布式导航技术、仿生导航技术、高精度相对导航技术等应协同发展。

5. 综合导航技术

基于惯性的综合导航技术目前已经成为提升飞行器导航性能的主要手段，可满足自主性、连续性、完备性、可用性、完好性等多方面的要求。未来需要从多源信息融合、信息完好性监测、工程化实现三个主要方面出发，进一步重点发展具有代表性的综合导航技术（图 6），对高动态复杂电磁环境下具有防欺骗抗干扰能力和完好性监测能力的惯性 / 卫星深耦合技术应优先投入研究 、对低空全天时高动态条件下具有一体化结构的惯性 / 天文组合导航技术应确保其独立持续发展的地位，对惯性 / 地形辅助、惯性 / 地磁辅助、惯性 / 重力辅助等具有自主导航能力的导航技术应鼓励发展。

图 6　综合导航技术

（二）我国 GNC 领域研究和发展建议

GNC 技术的研究和发展应该瞄准技术前沿，加强基础技术研究，努力实现 GNC 系统的智能化 / 自主化、模块化 / 综合化、数字化 / 网络化和灵巧化 / 微小化。

GNC 技术的研究和发展应该着眼实际应用，面向未来各种先进飞行器的实际需求，实现 GNC 新技术快速应用。

GNC 技术的研究和发展应该适应使用要求，重视综合提高武器装备性能。通过提高 GNC 系统功能自主化程度，使“驾驶员”转变为“任务员”，同时加强可靠性、安全性、测试性、维修性、保障性设计，提高飞行器使用效率。

面向未来，先进 GNC 技术的研究和发展和应用离不开用户、工业界和学术界的密切联系。应大力开展联合研究，定期交流，同时加大投入，坚持自主创新，重视基础研究，加强关键技术验证研究，认真把握先进 GNC 技术的发展规律，瞄准发展方向，确定目标，提前动手，根据我国实际情况走自己的发展道路。

具体而言，根据我国航空科技发展的需要，建议通过以下措施保证和促进 GNC 学科的健康持续发展。

1. 统筹规划，协调发展

在 GNC 技术的发展和研究中，结合国家中长期发展规划，做好需求牵引和技术推动、专业发展和产业提升、核心专业与支撑技术、当前急需和长远发展等各方面以及从业单位之间的统筹布局和协调，使得国内众多 GNC 行业单位，包括军民领域用户、工业部门、院校、民营企业等在引入适当竞争的基础上各司其职，协同发展。

2. 夯实基础，着眼应用

加强对专业长远发展有重大影响的理论、方法和概念的研究分析，并在先进技术的研究过程中着重考虑工程化应用的实现途径，从而提高探索研究的成功率和可实现性。重视项目顶层设计和系统综合方法研究，推进标准规范体系建立和在工程实践中的宣贯，加强产品在可靠性、工艺制造性、通用性、开放性以及成本控制等方面的研究，提高基础技术开发和产品工程实现的综合效能。

3. 更新手段，提升能力

“结果先进的前提一定是方法先进”，需要根据实际需求围绕先进研发流程综合考虑技术、模型、工具等研发中的关键因素，构建新一代设计研发模式，有效提升先进技术研究的能力。在研究、设计、实现和试验条件方面，整体性地加强与改善系统和关键部件的研发资源配置，提升应用技术研究以及关键技术攻关手段，形成 GNC 专业创新研究基地。

新的 GNC 技术设计研发模式见图 7。

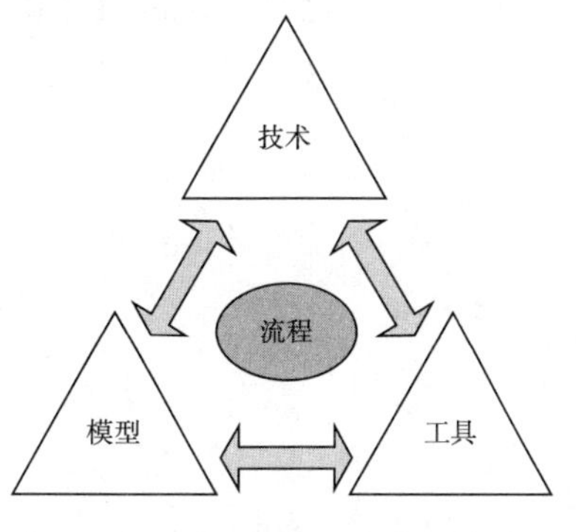

图 7　新的 GNC 技术设计研发模式

4. 储备人才，培育队伍

结合专业发展所需，由行业学会和下属单位共同制定从学术带头人、领域专家到创新团队的系列培养目标。通过引进、培养、选拔、使用、评价、激励机制的建设，在工程实践中培育出理论水平高、实践能力强、技术一流的科技人才队伍，挖掘并吸纳国内外高水平研究人员为我所用。

5. 开放合作，优势互补

健全多渠道的合作模式，加大国际化合作的主动出击，加强国家 / 行业重点实验室、

CGNCC 学术大会等开放交流平台的建设，加强国内从业单位与国内外高等院校和科研院所的合作与交流，缩小理论基础与工程实践之间的差距，构筑长期稳定的战略联盟，实现优势互补和成果共享。

参考文献

[1] United States Air Force Chief Scientist (AF/ST). Report on Technology Horizons A Vision for Air Force Science & Technology During 2010-2030 [R]. 2010.

[2] John P. Geis II, Christopher J. Kinnan, Ted Hailes, Harry A. Foster, David Blanks, Future Capabilities and Technologies for the Air Force in 2030 [R]. 2009.

[3] Headquarters, United States Air Force. United States Air Force Unmanned Aircraft Systems Flight Plan 2009-2047 [R]. 2009.

[4] Department of Defense, United State of America. Unmanned Systems Integrated Roadmap FY2011-2036 [R]. 2011.

[5] 张新国. 从自动飞行到自主飞行——飞行控制与导航技术发展的转折和面临的挑战 [J]. 飞机设计，2003 (3).

[6] 张汝麟. 飞行控制与飞机发展 [J]. 北京航空航天大学学报，2003 (12).

[7] 宋笔锋，冯晓强，胡峪. 空天体系对抗下未来战斗机发展的一些思考 [J]. 航空工程进展，2010 (2).

[8] 李清. 未来战斗机发展展望 [J]. 国际航空，2009 (7).

[9] 贾秋锐，孙媛媛，陈萃. 航空制导武器制导技术发展趋势 [J]. 飞航导弹，2010 (5).

[10] 承德保，陆志东，岳亚洲. 机载惯性 / 天文组合导航技术综述 [J]. 光学与光电技术，2009 (3).

撰稿人：宋科璞

ABSTRACTS IN ENGLISH

Comprehensive Report

Advances in Aeronautical Science and Technology

Abstract

Aviation science and technology is a discipline with strong engineering characteristics. Its progress is closely linked with engineering achievements, and application particularly integrated ones are often reflected through them. This study analyzed progress in China's aeronautical science and technology. The prospect, general trend and frontier in this field were presented through summarizing China's aviation science and technology's new progress, results, ideas, methods, technologies and comparing them with international advanced levels. Furthermore, suggestion on development direction was put forward.

1. Aircraft, helicopters and UAV

As for military aircrafts, the J–20 carried out validation flight test at Yanliang test center and the J–31 completed its maiden test flight on October 31, 2012, marking that China has become the second country which develops two kinds of fifth–generation aircraft at the same time after the United States. A heavy military transport aircraft developed by AVIC Xi'an Aircraft Industry (Group) Company is the largest military aircraft China has ever developed. The first J–15 prototype aircraft successfully went through landing and take–off tests on the Liaoning aircraft carrier, demonstrating breakthroughs in carrier - borne aircraft technology. As for civil aircrafts, C919 aircraft is developed steadily and has received 380 orders. As for military helicopters, great progress has been made in R&D and production capacity. WZ–10 and WZ–19 have been successfully developed and fielded, ending our embarrassment of lacking dedicated armed helicopters. It is a significant achievement in army aviation equipment. The development of JY–8, an unmanned high–speed helicopter, is accelerated. For civil helicopters, there are Z–15 jointly developed by China and EU and AC313. AC313 is the only large helicopter developed by China on its own so far. It's expected that AC313 will complete all airworthiness flight tests, obtain type certification and be put into commercial operation in 2013.

2. Aerospace power

China continues to increase investment and has made steady progress and breakthroughs in aerospace power in 2013. As China's troops began to equip with our own new generation fighters, the situation of using imported Russian engines is changing. Taihang engine, a high–thrust turbofan engine developed independently by China, was started in 1980s and finalized in 2005. It has been partially fitted out in the J–10 and J–11. Its polymorphic variants are being used for the localization of China's new fighters. Engines for the 4th generation fighter aircraft and the carrier–borne aircraft are under development. The Minshan engine for the advanced trainer and Jiuzhai Engine for the general aviation aircraft are also under development. Qinling engine is a domestic derivate from the British–made Spey engine introduced in 1970s. It has reached a new technological level through localizing its materials, accessories, etc. and drawing more advanced technology. The mass production of it has begun in 2003. Kunlun engine is the first medium afterburner thrust turbojet in accordance with military standards developed by the Shenyang Engine Design and Research Institute independently. The institute owns full intellectual property right over it. Kunlun Engine Project was started in 1980s and got design finalization in July, 2002 after passing 259 rigorous assessments. It can meet the increasing thrust requirement of the improved J–7 and J–8.

3. Flight mechanics

In the field of nonlinear flight dynamics, many mechanism researches and experiments on unsteady aerodynamic were carried out both at home and abroad. Progress was made, especially in wind tunnel test. The experimental apparatus to simulate the large amplitude dynamic of the SDOF movement and two DOF coupled motion of the airplane were established, through which, some unsteady and coupling aerodynamic data were derived and some new nonlinear unsteady aerodynamic characteristics were found. With the development of modern control theory and intelligent control, the identification and control of nonlinear unsteady multivariable system has been greatly enriched. In the field of elastic flight dynamics research, our country has carried out profound researches on elastic aircraft unsteady aerodynamic prediction techniques and flight dynamics theory. In the field of unsteady aerodynamic modeling, in order to make the aircraft still be controllable in the large angle of attack state and DOF coupled motion so that it can gain advantage in an air war, we have carried out in–depth studies. With the substantial improvement of computer technology, CFD technology has been widely applied in a variety of projects. In addition, with rapid development of the domestic large aircraft and the general aviation aircraft, civil aircraft flying qualities and airworthiness have become an important part in flight dynamics research.

4. Flight test

The design finalization flight test program for newly–developed military aircrafts is expanding. We are now able to carry out the following items thanks to years of accumulation and large–scale infrastructure construction: structure verification tests, flying quality verification tests, flight performance verification and resistance measurements tests, the propulsion system verification tests, weapons fire control system verification tests, equipment system verification test, avionics system verification tests, electrical system verification tests, flight control system verification tests, survivability and vulnerability verification tests, reliability, maintainability and supportability verification tests, helicopter design styling and identification tests, the new model engine design styling and identification tests, the new research aviation two product design styling and identification tests and so on. A relatively complete flight test system has been formed. Our flight test agencies are competent for implementing not only flights to test general subjects like aerodynamics, flight mechanics, structural integrity, power plant equipment and airborne systems but also flights to test specific items required by scientific researches. In the aspect of external parameter measurements, our country has basically met the requirement for measuring the performance during takeoff and landing and general flight path and attitude with high precision. Besides, our airborne test system performance is close to today's world advanced level.

5. Manufacturing technology

The world's largest tonnage forging presses, which was independently developed by China and serves as China's "large aircraft" project's critical equipment, was successfully produced by China National Erzhong Group Co., at its Deyang base, marking that China's metal materials technology has made a new breakthrough. Researches on advanced polymer composites manufacturing technology, non–autoclave prepreg molding technology, deformation and thermal curing composites compensation technology, aerospace prepreg autoclave cured composite outer application were launched and progress has been achieved already. During the development of the new regional jet ARJ21, aircraft factories have made full advantage of the digitized offsite design and manufacturing. The whole machine design is with 100% CATIA three–dimensional digital definition, and digital pre–assembly and digital prototyping. Digital manufacturing technology has been applied in ARJ21' s pipe. Currently, the national aero–engine manufacturing industry is vigorously promoting the digitization process and has achieved a lot in the key components process design, tooling design and CNC machining. It helps facilitate the transfer from traditional development and production model to lean model. In addition, in 2013 the State Council has conferred first prize of State Technological Invention Award on the research team who has developed aircraft alloy integral member of large and complex laser forming technology. The technology has been put into industrial manufacturing in our country. Manufacturing a variety of titanium and other large and complex key metal parts directly through laser has been applied to new fighters, large transport aircrafts, large aircraft like C919, etc. which makes our country the second in the world that masters titanium aircraft structural parts laser rapid prototyping technology and realizes engineering application after the United States.

6. Materials

The development and application research of titanium alloys for aircrafts such as TC4, TC16, TC18, TC27, TB5, TB6, Ti55531, TC21, TC4-DT, TB8, Ti45Nb, TA15 were carried out. Key technology breakthroughs were made in high-alloyed ingot compositional uniformity control rods, forgings organizational performance uniformity control and stability control batch forgings. For the use of engine, the application researches of the forging, die forging, heat treatment, nondestructive testing, machining, surface hardening of Titanium alloy such as Ti60, Ti6246, Ti6242, 650℃ titanium and Ti40 Alloys were implemented. Key technologies of organization performance uniformity control, parts machining and surface hardening were derived. High-quality and high-temperature engine-use titanium alloy forgings and key components were developed. Special-function titanium and special technique, advanced polymer composites, metal matrix composites, the ceramic matrix composite materials, the material performance testing and evaluation were studied and progress have been achieved. The inorganic non-metallic materials are in rapid development and its new technology and technique are continuously applied and promoted.

7. Aviation electromechanical systems

Our aviation electromechanical systems are moving towards integration, multilevel and intelligence. The goal is to achieve full integration of function, energy, control, and physics. To fulfill the requirement of China's new generation aircrafts, China has accelerated researches on the aviation electromechanical systems integrated control and management, improved the comprehensive management and diagnostic capabilities by reducing the electromechanical system interconnect and information sharing, as well as enhanced its reliability and maintainability. In addition, China has carried out a series of studies on advanced more electric aircraft power supply technology, key electrical system technologies, multi-system fault diagnosis, electrical load management study, the stability of the power system load. China has also carried out some ground tests and flight tests to verify the technical maturity and usability of some technology and confirmed that the overall performance of the aircraft can be enhanced by replacing hydraulic actuators with electromechanical ones, which provides a preliminary basis for China's new generation of more electric aircraft.

Although we have made considerable progress in aircraft overall design, aerodynamics, structure, avionics, and aviation electromechanical systems, we still lag behind the world advanced level. The development of China's military and commercial aircraft is imbalanced. There are a few civil aircrafts with competitive edge, and no product family is formed yet. Most products are only exported to Asia, Africa and other Third World countries. China only masters the technology of medium and small transport planes. The technology of large and ultra-large transport aircraft is still in development stage. There are still large gaps in the aspect of aircrafts'economy, comfort, environmental protection and supportability. The integrated technology is still backward, especially in power systems. In the field of flight mechanics, our preliminary research is weak, top-level design is insufficient, simulation and experimental study of large-scale systems is not enough comparing with Europe, America, Russia and other aviation developed countries. In the aspect of flight test technology, there is a lack of innovation and flight test means for prospective studies. Our aviation industry started very late with weak scientific and technological strength. There are too many backward areas, especially in the civil aviation manufacturing industry. In the aspect of materials, China's research on cutting-edge materials lags behind and reserve of new materials is insufficient. The lack of some key materials for the third and fourth generation aviation products has seriously hampered the development of China's aviation industry. In the field of aviation airborne systems, the gap between us and the foreign advanced level is large in terms of information retrieval system, aeronautical communication system, radio navigation and so on.

China's aeronautical science and technology are faced with good domestic political and economic environment, but severe international challenges. In order to accelerate our aviation industry, construct China into an innovative country, develop aeronautical science and technology, China should adopt the pattern of driving sci-tech progress through model development to enhance innovation capability. It shall plan aeronautical technology R&D, industrialization, and market as a whole with largely-applied key products as the main line. It should also focus on accelerating the development of large aircrafts, regional jets series, general aviation aircrafts and helicopters. Breakthroughs shall be made in engine, important airborne systems and key equipments. Professional productivity for aviation large parts, air traffic management systems shall be improved. A sustainable aviation industry system shall be established. Furthermore, priorities should be given to the development of green aviation technology, new air system technology, new generation helicopter technology, advanced aerodynamic layout, active construction techniques, self-control and decision-making technology, high thrust to weight ratio and weight ratio engine technology, high power, high-performance composite materials technology, nano materials and aerospace applications technology, failure prediction and health management technologies.

Written by Yu Ce

Reports on Special Topics

Advances in Aircraft Design and Analysis

This report briefly surveys important technological achievements in military and civil aircraft in China and that in some other countries during 2012—2013. Based upon foreign technological development, technological trend and noteworthy fields are analyzed. The report mainly consists of three parts: new improvement, comparison between China and other countries, prospect and countermeasures.

In 2012 and 2013, despite the global economy crisis, many countries still retain enthusiasm on aviation technology. Investment in technology research is still positive and steady. For military aircraft, aerospace industry in United States develops quickly and innovatively. The F-35 fighter has entered service, many validation projects have been keeping progress, next generation bomber has been in developing and the 6th generation fighter development plan was proposed. As a pursuer, China also develops its military aircraft technology rapidly. The J-20 and J-31, which are two types of the 5th generation fighter, the carrier-based fighter J-15 and the large transport Y-20 made their first flights in the period. Such achievements indicate that China may establish an advanced aircraft industry in the near future. In Russia, the T-50 fighter is in the flight test phase and the next generation bomber project is in progress. In civil aircraft field, the two Titans of civil aircraft industry, which are the Boeing Company and the Airbus Company, get on well and compete intensely. The A350, A320NEO and 737MAX programs are developing well. At the same time, later-comers of mainline aircraft industry are also seeking breakthroughs. The Chinese C919, Russian MS-21 and Canadian C series airplane are under development. The global map of regional airliner has not been changed yet. In addition to the Russian RRJ that has been delivered, 4 Chinese ARJ-21 have been in airworthiness flight test, and the Japanese MRJ designed by the Mitsubishi Company is preparing for its first flight. Unmanned aero-vehicle (UAV) technology also developed rapidly in 2012 and 2013. More than 70 countries have announced their UAV programs. United States, Israel and European Union are in the leading place. Some advanced UAVs are competent for reconnaissance and attack missions and are pursuing full combat capability. The application of UAV will be even broader in the future. It's predicted that UAV will replace manned aircrafts totally and be the main–force of the battlefield in the 21st century.

To some extent, there is still a big gap between China and advanced countries in aircraft and aero–engine fields. In recent years, it is crucial for China to improve relevant technologies so as to build a stronger foundation and get closer to advanced countries. Continuous financial and governmental supports are necessary. Firstly, essential breakthrough must be achieved in aero–engine technology, which has been a bottleneck and restricts Chinese aero–technology development greatly. Secondly, in order to build up a well developed military aero–technology system, aircraft design and research should be emphasized to drive relevant technologies and get more innovation. Thirdly, the development of civil aircraft, aero–equipment technology, material technology and aircraft design technology must be directed by air–worthiness rules. Stable groundwork of civil aircraft technology can only be established when certain kinds of equipments and materials have been certificated. Finally, since unmanned combat aero–vehicle (UCAV) is regarded as sky dominator in the future, technologies about UCAV are important and should be developed.

Written by Dang Juhong

Advances in Aerodynamics

Aerodynamics plays a more important role in the development of modern aircraft, especially in promoting the enhancement of flight performance. It has become one of the most important subjects featured with defense characteristics. Even though the aerodynamics is one of the oldest subjects with long history, it restores energy and lays a solid foundation for the development of a variety of advanced aircrafts as the world aerospace industry develops rapidly. In the past five years, great progress were made in the areas of basic theory, experimental technique, developing experimental facility, computational fluid dynamics and engineering in our country, contributing a lot to the great–leap–forward development of the national defense industry. In addition, the shortcomings of China's aerodynamics and its future development are discussed.

Written by Wang Yankui

Advances in Aircraft Structural Design and Strength

This report briefly presents the technical developments of China's aircraft structural design and strength. It mainly introduces the technical outcomes in the basic theory research, structural design and experiment, computational technology research, engineering application, etc between 2010 and 2013. In the overall current development, this report introduces some advanced structural design technologies and research capacities in China in detail, such as structural design concepts, lightweight material and structure design, welding technologies, dynamic strength design, and their application in modern aircrafts. In the technical development of airframe structural strength analysis and experiment validation, some important technical progresses achieved in recent years are reported, which includes experimental installations in structural static test and durability/damage tolerance technology, structural dynamic technology, structural computation, integrated virtual strength validation, vibration environment prediction with validation, large–and full–scale structural experiment, structural wealth monitoring, bird impacting, as well as new type material structural design and strength experimental validation, etc.

The main technical differences in the advanced aircraft structural design and strength analysis technologies from developed counties are also compared, which covers advanced structural design concepts, new lightweight material and structure development, welding technologies and their applications in modern aircraft types, and structural wealth monitoring, bird impact and structural design against bird impacting, etc. At last some suggestions about further technical researches in the field are proposed.

Written by Wang Shengnan

Advances in Turbo-ramjet Combined Cycle Engine

For the last sixty years, more technology progress on Turbo–ramjet combined cycle engine has been made. In 1960's, turbo–ramjet combined cycle engine J58 was firstly applied to the blackbird fighter SR71, whose maximum flight Mach number is 3.2. It stopped service in 1990's due to some technology reasons. Some ground and high altitude verification tests on TBCC engine above Mach number 3.3 were also implemented such as Japanese HYPR90–C demonstrator. Until now it has not yet applied to driving the real aircraft because of the technology bottleneck and risk. So far all successful hypersonic vehicles such as ASALM, X43A and X51 were propelled by rocket engines or rocket based combined cycle engines. Nevertheless, compared with the rocket based engine, the advantages of turbo / ramjet combined cycle engine include high specific impulse, high specific thrust, high durability, safety, less emission pollution, being able to conventionally take–off and land, using ordinary airport and fuel. Therefore, it is very promising in the future that turbo–ramjet combined cycle engine will replace the rocket to propel hypersonic vehicle at low speed phase (Ma <6) .

Considering the factors such as technical risk, development cost and cycle, the United States put forward short–term and long–term technology validation plans for TBCC respectively. The recent validation plan is mainly based on the present mature gas turbine engine technology whose flight Mach number is less than 2.5. For example, in 2009 Boeing proposed Mach 6 Trijet concept, which combined gas turbine engines, and dual mode ramjet engine and rocket based ejector together in parallel configuration. The ejector was applied to meet the thrust gap in the transonic region and the low efficiency work region of ramjet engine with Mach number of about 2.5 to 3. Recent technical difficulty is this validation plan lies in the smooth mode transition and the complex integration between different types of engine.

The long–term verification plan is mainly based on the high Mach number variable cycle gas turbine engine technology whose maximum flight Mach numbers can reach 4+, such as the revolutionary turbine accelerator (RTA) project. Technical difficulties in the long–term validation plan is the matching technology between different engine components along quite a wide work range and the thermal protection technology under extreme high total temperature due to the high Mach number.

These two validation plans have good technical inheritance. The short–term validation plan focuses on the realization of the technical scheme. Although the performance of combined power such as specific impulse was affected, it can reduce the development difficulty and technical risk, and will lay a good technical foundation for implementation of the long–term validation plan. The long–term validation plan focuses on forward–looking technology scheme. The maturity of high Mach number variable cycle engine can improve the performance of hypersonic vehicle compared with rocket based engines.

Ever since the ninth five–year plan (1996—2000) , domestic aviation research institutes and universities carried out series of research work on air–breathing combined cycle propulsion with fund from the 863 project and national defense basic research program. The researches focused on advanced space transportation system powered by rocket or rocket based combined cycle propulsion system.

In 2004, funded by a three-year national defense basic research project, Beihang University (BUAA) , Nanjing University of Aeronautics and Astronautics (NUAA) , Northwestern Polytechnical University (NWPU) and China Gas Turbine Research Institute worked together to investigate the feasibility of TBCC combined cycle propulsion system applied to Mach 5 hypersonic civil aircraft whose altitude ranging from 0 to 33km. The research covered: requirement analysis, design parameters and performance optimization for propulsion system, development of system level and component level simulation tools, preliminary design for mixed compression inlet and single expansion ramp nozzle, model test for variable geometry afterburner / scramjet combustor, ignition and cold flow test and preliminary test for mode transition.

Through the foreign and domestic long-term research and exploration, some critical technology is summarized as below,

1) engine and aircraft integration design technology

2) design technology of ultra wide working range of intake and exhaust system

3) high Mach number variable design technology cycle engine (Ma=3.5 ~ 4+)

4) turbo / ramjet engine thermal protection technology

5) control and status monitoring technology

6) numerical simulation of high accuracy analysis and verification tools

7) test technology on the validation of turbo / ramjet combined cycle engine

Written by Chen Min

Advances in Aeronautical Manufacturing Technology

Aeronautical manufacturing technology plays a critical and important role in determining the property of aeronautical products, reducing structural weight, extending service life, shortening development cycle, cutting cost and improving reliability. This project investigates advances in this field on the basis of aeronautical manufacturing technology development in China and the advanced manufacturing technologies employed in F22, F35, B787, Airbus A380, large military transport A400M, etc., such as metal integral forming technology, composite integral manufacturing technology, advanced welding technology, aircraft automatic assembly technology and digital manufacturing technology.

A detailed introduction is involved in this article which is related to the aeronautical manufacturing technology research in China and its application in aviation products. This includes integral panel peening technology for large aircraft, superplastic forming/diffusion bonding multi-layer structural forming technology for aero-engine components, laser beam and electron beam technology for aero-engine, linear friction welding technology for aero-engine blisk, stir friction welding for aircraft panels, laser and electron beam additive manufacturing technology and laser selective melting additive manufacturing technology (3D printing) , composite automated tape laying and liquid molding technology, large integral structure manufacturing technology, aircraft automatic assembly, automatic drilling and riveting, flexible tooling, joining technologies, pulsating assembly line technology and digital manufacturing technology. The development mentioned above have dramatically improved the research and production ability of aeronautical enterprises in China, and shorten the research and development cycle of brand new aeronautical products. In addition, the development of aeronautical manufacturing technology in foreign countries is presented. The technical gap between foreign countries and China is analyzed. Although some key manufacturing technologies in research, production, equipment and digital manufacturing for the large integral structure have reached the leading level, the overall level of technology in China is still lower than the international leading level, especially in the areas of intelligence, information and green manufacturing. The objective of aeronautical manufacturing technology development is to set out proper development planning, to improve the ability of fundamental research and production, to rapidly join the global aeronautical manufacturing market and improve the international competitive strength, so as to transfer China from a big aviation to a powerful one.

Written by Liu Shanguo, Li Jing, Cheng Zhijun

Advances in Integrated Aviation Electromechanical Technology

With the rapid development of aircraft industry in China, deflects of the traditional airborne electromechanical systems have been gradually revealed, such as large mass and poor reliability. In order to solve the problems, it's available to develop the integrated aviation electromechanical technology. This paper focuses on the research in the area of integrated technology for aviation electromechanical system. This paper starts with the definite concept of integrated aviation electromechanical technology, and then describes the course of its development and present situation of application. Conclusions about characteristics and trends of this technology have also been made. Technical deficiencies and disparities between China and other countries based on the contrastive analysis of research status indicate the pressing demands and future direction for integrated aviation electromechanical technology.

Written by Jiao Zongxia, Guo Shengrong, Li Yunxiang, Zhang Xiaobin, Guo Hong, Zhang Huijuan, Wang Yong, Shang Yaoxing

Advances in Human and Environmental Engineering (HEE) Science and Technology for Aviation

The personal protective and life supporting system for pilots is the most important, full–time using, emergency lifesaving airborne equipment. Recently, great progress has been achieved in on–board oxygen generating system (OBOGS) , security design of oxygen supply, and fitting of personal equipments.

The future ultra–long distance flying requires that the OBOGS can generate abundant and endless oxygen for pilots. The electronic pressure regulating for carefree respiratory, pilot's protective equipment with the shield against nuclear, biological and chemical harm (NBC) , and anti–suffocation for the escaped pilot in water are the stress of study on aviation physiology.

Aviation ergonomics involves system design, system operation and system running in aviation systems with human participation. It plays an important role in aviation system security. In this paper, aviation ergonomics is divided into three aspects, aviation ergonomics design, human error management and aviation ergonomics standards. Research status and trend is analyzed. A comparison between Chinese research and foreign research is presented. Suggestions on future development are proposed: Firstly, we shall establish Chinese aviation safety research system framework as soon as possible and promptly implement specific aviation ergonomics research projects on the basis of the framework. Secondly, we shall improve project management standards and consider adding requirements for annual project report disclosure and standards development to it, so that the public can share the national project resources. Lastly, we shall actively study foreign mature method and experiences derived from specific projects and then apply them to our own research accordingly. Thus, a rapid improvement will be achieved.

Aviation environment simulation technology researches the artificial reproduction techniques of all kinds of natural environment as well as induced environment and test techniques in the simulated environment relating to the aircraft.

Based on the different classification, it can be divided into external and cabin environment; physical, chemical and biological environment; operation, crew and escape environment. At present, the U.S. and Europe both have built large-scale multi-parameter and multi-effect environmental simulation equipments which involve a wide range of tests, including environmental safety assessment of the aircraft, pilot ergonomics, and crew comfort and so on.

Comparatively, China's existing environmental equipment capacity is weak. The laboratory being built will equal the scale of America's McKinley laboratory as it is completed. However, the content of the related environmental testing still needs further planning.

In addition, as for the particular environments such as biological environment and escape environment, the related testing design should also be included in the development planning of the field as soon as possible, aiming to enrich the content of aviation environment simulation technology.

Written by Xiao Huajun, Wang Lijing, Huang Yong, Su Bingjun, Liyunxiang

Advances in Aircraft Guidance, Navigation, and Control

Today's aviation industry provides Guidance, Navigation, and Control (GNC) designers with exciting opportunities since a number of new commercial and military aircrafts are built and the development of Uninhabited Aerial Vehicles (UAVs) are accelerated. The GNC community is very active throughout the world with literally thousands of articles published and many new projects executed every year. In China, GNC as an important branch of aeronautical science and technology has drawn great attention and obtained rapid progress lately.

This report presents a survey of the GNC techniques and systems being researched and applied by aviation industry in recent years. It first gives a brief introduction to the corresponding concepts and system functions, and then moves on to present a fairly detailed and general overview on the domestic state of the art, comparative analysis with other advanced countries, and strategy for future development. In addition, the researches and the applications of the emerging technology in the military and civil domains are highlighted.

The purpose of this report is to spell out some of the prospects for GNC in the current and future technological environment, to describe the role that GNC will play in military, commercial, and scientific applications over the next years, and to recommend actions required to enable new breakthroughs in engineering and technology through application of GNC research.

Written by Song Kepu

索 引

H

J

K

L

M

N

P

Q

R